普通高等教育"十三五"规划教材

# 环境学案例分析

贾秀英　倪伟敏　朱维琴　主编

化学工业出版社

·北京·

《环境学案例分析》讲述了水环境问题案例、大气环境问题案例、土壤环境问题案例、生物环境问题案例、物理环境问题案例、各圈层污染物迁移转化问题案例，并在分析上述案例的基础上介绍了水污染控制技术应用案例、大气污染控制技术应用案例、固体废物控制技术案例、噪声控制技术案例、环境规划案例、环境法规案例、可持续发展案例。

《环境学案例分析》可供环境工程、环境科学、环境管理等专业的本科生、研究生作为教材使用，同时也可以作为各种可持续发展教育的培训教材使用，还可供对环境保护感兴趣的社会各界人士阅读参考。

**图书在版编目(CIP)数据**

环境学案例分析/贾秀英，倪伟敏，朱维琴主编.
—北京：化学工业出版社，2020.2
普通高等教育"十三五"规划教材
ISBN 978-7-122-33668-2

Ⅰ.①环… Ⅱ.①贾… ②倪… ③朱… Ⅲ.①环境科学-案例-教材 Ⅳ.①X

中国版本图书馆 CIP 数据核字（2019）第 004585 号

责任编辑：满悦芝　　　　　　　　　　　　文字编辑：李　曦
责任校对：盛　琦　　　　　　　　　　　　装帧设计：张　辉

出版发行：化学工业出版社（北京市东城区青年湖南街 13 号　邮政编码 100011）
印　　装：三河市　　装有限公司
710mm×1000mm　1/16　印张 13½　字数 238 千字　　2020 年 2 月北京第 1 版第 1 次印刷

购书咨询：010-64518888　　售后服务：010-64518899
网　　址：http://www.cip.com.cn
凡购买本书，如有缺损质量问题，本社销售中心负责调换。

定　　价：68.00 元　　　　　　　　　　　　　　　版权所有　违者必究

# 本书编写人员

主　　编：贾秀英　倪伟敏　朱维琴
编写人员：（按姓氏笔画排序）
　　　　　王　繁　朱维琴　张杭君
　　　　　金仁村　贾秀英　倪伟敏

# 前　言

自工业革命以来，世界经济迅猛发展，其前提是以环境破坏和污染为代价。水污染、大气污染、固体废物污染、物理性污染以及生态环境破坏、生物多样性破坏蔓延全球，这些问题至今都未得到解决，在有些国家和地区甚至变得越发严重。环境问题的根本在于人类的诸多不当活动，而《环境学案例分析》有助于提升全民的环境意识。基于编写团队的教学实践，本书内容在满足环境专业要求的同时，兼顾社会各界对环境保护和环境可持续教育感兴趣的人士。

本书通过典型案例的背景信息概要，以案例为载体，使读者能够从生态、社会、经济和环境保护等不同角度全面分析环境问题产生的原因和可能的解决途径。每个案例通过关键词的方式介绍环境科学的重要知识点及其最新理念，然后进入教学模式思考，通过图表形式为教师和学生深入理解、分析与探究相关科学问题提供启示和素材，特别注重专家对环境问题的不同论点和解决途径的多样性，供师生思辨和讨论，启发读者对感兴趣的题目进行深入研究。阅读资源包括相关的经典著名教材、科技论文和网站，为教师和学生提供重要信息和资源线索。思考题重点考查学生对环境科学理论和方法的理解，引导学生开展自主探究和研究性学习，并鼓励学生以小组形式开展讨论和辩论。

本书可以作为环境管理与决策者、科研人员、教师和环境科学及其相关专业的研究生、本科生的工具书和教学参考书，同时也可以作为各种可持续发展教育的培训教材，为环境培训工作者与管理者提供生动、活泼和实用的研究型学习素材，为各层面的环境科学研究和可持续发展教育提供理论和科学方法的案例资源平台。

环境学科是涉及多学科、综合性很强的学科领域，由于编者专业和水平有限，不妥之处恳请各位专家、学者批评指正。希望通过本书，使广大读者充分认识到环境污染防治问题，为全球性环境事业的发展做出贡献。

编者

2019 年 10 月

# 目　　录

# 1  绪论

　　随着世界经济的迅速发展，科学技术的不断进步，以及人口数量的激增，一系列的环境问题也不断出现，如全球变暖、臭氧层破坏、生物多样性减少、有毒有害化学物品污染加剧等等，人类的生存和发展正面临着危机。残酷的现实告诉我们，人类经济水平的提高和物质财富的增加，在很大程度上是以牺牲环境为代价得来的，因此，保护环境已成为世纪主题。提高全民的环境意识是保护环境、改善环境的有效途径，而环境教育是提高公民环境意识、解决环境问题的根本途径。环境学的出现，标志着人类开始理性地关注与之休戚相关的自然环境。

　　作为一门独立的学科，环境科学从兴起到形成只有几十年的历史。20 世纪 60 年代科研人员进行了一些零星、分散的工作，到 70 年代环境相关研究才初步汇集成一门具有广泛领域和丰富内容的学科。环境科学是研究人与环境相互作用的学科，目的在于揭示人与环境在相互作用中存在的规律。环境学是环境科学的核心，阐述环境科学体系中最基本的问题，揭示人与环境相互作用的基本规律。案例教学法是 20 世纪 80 年代从国外引进的一种先进教学方法。案例教学法是由教师控制的、学习者作为主体参与的，依据真实的案例、围绕案情发展而展开的互动式教学方法，是现今大学教育中比较先进的教学方法之一。在"环境学"中引入案例教学模式，既是适应教育理念转型的必然趋势，又是环境科学学科特点的客观要求。

　　(1) 环境的概念

　　环境是一个应用广泛的名词或术语，因此它的含义和内容极为丰富，随各种具体状况的不同而不同。主体的不同是各个学科所研究的环境之间最根本的差别；客体的不同则是各子环境之间的差别。从哲学上来说，环境是一个相对于主体而言的客体，它与其他主体相互依存，其内容随着主体的不同而不同。例如，地球的时空环境、动植物环境、建筑物环境、小区环境、办公环境等，都有着各自特定的主体。

　　各个国家在其颁布的环境保护法律中，对环境一词均有明确的界定，都是从环境学含义出发所规定的法律适用对象或适用范围，目的是保证法律的准确实施，它不需要也不可能包括环境的全部含义。《中华人民共和国环境保护法》把环境定义为："影响人类生存和发展的各种天然的和经过人工改造的自然因素的总体，包括大气、水、海洋、土地、矿藏、森林、草原、野生生物、自然保护区、风景名胜、城市和乡村等。"

（2）环境要素

环境要素是指构成人类环境整体的各种独立的、性质不同的而又服从整体演化规律的基本物质组分，又称为环境基质，包括自然环境要素和人工环境要素。

自然环境要素通常包括大气、水、土壤、生物、岩石、气温、引力以及地壳的稳定性等，各种自然环境要素的总体构成了自然环境，它是人类和其他生物赖以生存与生活所必需的各种自然条件和自然资源的总称。人类是地球环境发展到一定阶段的产物，自然环境是人类产生、生存和发展的物质基础。

人工环境要素包括综合生产力、科学技术、人工产品和能量、政治体制、宗教信仰等，各种人工环境要素的总体构成了人工环境，其是在人类长期生存发展的社会劳动中形成的，是在自然环境的基础上，通过长期有意识的社会劳动，加工和改造自然物质所创造的物质生产体系以及所积累的物质文化等构成的总和。

（3）环境分类

环境按环境要素可分为自然环境和人工环境，自然环境可分为大气环境、水环境、土壤-岩石和生物环境。人工环境分为工程环境和社会环境。

环境按围绕人类周围环境的空间规模划分为居室环境、聚落环境、区域环境、地球环境和宇宙环境。

环境按环境功能又可以分为农业环境、工业环境、交通环境、生产环境、生活环境和旅游环境等。

（4）环境特性

① 环境的整体性　指环境的各个组成或要素构成了一个完整的系统，环境中的各部分之间存在紧密的相互联系、相互制约关系。

② 环境的区域性　指的是环境（整体）特性的区域差异。不同区域自然环境的多样性和差异性具有重要的生态学意义，是自然资源多样性的基础和保证，同时使人类对环境规律的探索和运用面临更多的挑战。

③ 环境的相对稳定性　在一定的时空尺度下，环境具有相对稳定的特点。在不超过自然和人类作用的环境所能承受的界限内，其可借助自身的调节能力使这些变化逐渐减弱或消失，表现出一定的稳定性。

④ 环境变化的滞后性　自然环境在受到日积月累的冲击和破坏后，在短期内

不容易被认识或反映出来，且很难预料，一旦环境被破坏，所需的恢复时间较长。若超过承载力或自净能力，一般就很难再恢复了。

⑤ 环境的脆弱性　是环境系统特定时空尺度相对于外界干扰所具有的敏感反应和自我恢复能力，是自然属性和人类干扰行为共同作用的结果。

⑥ 环境的不可逆性　生态系统中的能量流动过程是不可逆的，所以环境一旦遭到破坏，利用物质循环规律可以局部恢复，但不可能彻底回到原来的状态。

（5）环境问题

环境问题是指由人类活动作用于周围环境所引起的环境质量变化，以及这种变化对人类的生产、生活和健康造成的影响。人类在改造和创建社会环境的过程中，自然环境仍以其固有的自然规律变化着。社会环境一方面受自然环境的制约，另一方面又以其固有的规律运动着。人类与环境不断地相互影响和作用，产生环境问题。

环境问题的实质是盲目发展、不合理开发利用资源而造成的环境质量恶化和资源浪费，也是经济、社会、环境间协调发展问题以及资源的合理开发利用问题。

为了更好地理解环境问题的内涵，了解以下几个环境词汇是十分必要的。

① 环境质量是对于环境状况的一种描述，即在一个具体的环境内，环境的总体或环境的某些要素对人群的生存和繁衍以及社会发展的适宜程度，是反映人群的具体要求而形成的对环境评定的一种理念。

② 环境污染是指人类活动产生的污染物或污染因素进入环境的量超过环境容量或环境自净能力时，就会导致质量的恶化。

③ 环境容量是指在人类生存和自然环境不至于受害的前提下，环境可以容纳污染物质的最大负荷量。

④ 环境自净是指污染物质或污染因素进入环境后，将引起一系列物理的、化学的和生物的变化，从而逐步被清除出去，达到环境自然净化的目的。

⑤ 环境效应是指在自然过程中或在人类的生产和生活活动中对环境造成污染和破坏，从而导致环境系统结构和功能变化的效应。

环境问题按其成因的不同，可以分为原生环境问题和次生环境问题。

原生环境问题，又称为环境问题，是指由自然力引起的，没有人为因素或人为因素很少的环境问题，如火山爆发、地震、台风等发生时所引起的环境问题，原生环境问题不属于环境科学研究的范畴，近年出现的灾害学这一新兴学科主要研究的就是原生环境问题。

次生环境问题，又称为第二环境问题，是指由人为因素所造成的环境问题。次生环境问题又可分为环境污染和生态破坏两类。

通常人们所说的环境问题一般是指次生环境问题，这类环境问题是环境科学研究的对象。

## 参考文献

[1] 鞠晓东.《环境学概论》公共选修课程教学内容与教学方法改革初探 [J].学理论，2010 (9)：144.

[2] 郜慧，张祥耀，范辉，等.案例教学法在《环境学概论》课程中的应用 [J].文教资料，2010 (25)：212-214.

[3] 郭盘江，武淑文."环境学概论"教学方式探讨 [J].科技视界，2012 (29)：39.

[4] 王玉梅，魏方.经济法概论 [M].北京：高等教育出版社，2014.

[5] 刘克锋，张颖.环境学导论 [M].北京：中国林业出版社，2012.

[6] 陈征澳，邹洪涛.环境学概论 [M].广州：暨南大学出版社，2011.

[7] 左玉辉.环境学 [M].2 版.北京：高等教育出版社，2010.

# 2 水环境问题案例

　　水是哺育人类的乳汁，没有水就没有生命的繁衍。地球上因为有了水，才变得生机勃勃。然而，一方面人类对水的需求正与日俱增；另一方面人为的破坏使水资源不断枯竭。水资源危机将成为 21 世纪人类面临的最为严峻的现实问题。

　　地球的储水量是很丰富的，共有 14.5 亿立方千米之多。地球上的水，尽管数量巨大，而能直接被人们生产和生活利用的却很少。首先，海水又咸又苦，不能饮用，不能浇地，也难以用于工业。其次，地球的淡水资源仅占其总水量的 2.5%，而在这极少的淡水资源中，又有 70% 以上被冻结在南极和北极的冰盖中，加上难以利用的高山冰川和永冻积雪，有 87% 的淡水资源难以利用。人类可利用的淡水资源是江河湖泊和地下水中的一部分，约占地球总水量的 0.26%。全球淡水资源不仅短缺而且地区分布极不平衡。约占世界人口总数 40% 的 80 个国家和地区约 15 亿人口淡水不足，其中 26 个国家约 3 亿人极度缺水。预计到 2025 年，世界上将会有 30 亿人面临缺水，40 个国家和地区淡水严重不足。

## 2.1　水资源短缺

　　进入 20 世纪后，人类用水急剧增加，农业用水增加 7 倍，工业用水增加 20 倍，生活用水增加 3~5 倍，耗水量增加和水污染加剧，导致全球性的水危机。

　　2016 年全国供用水总量为 6040.2 亿立方米，较 2015 年减少 63.0 亿立方米。其中，地表水源供水量 4912.4 亿立方米，占供水总量的 81.3%；地下水源供水量 1057.0 亿立方米，占供水总量的 17.5%；其他水源供水量 70.8 亿立方米，占供水总量的 1.2%。与 2015 年相比，地表水源供水量减少 57.1 亿立方米，地下水源供水量减少 12.2 亿立方米，其他水源供水量增加 6.3 亿立方米。详见表 2-1。表 2-1 中涉及的全国性数据，均未包括香港、澳门特别行政区和台湾地区。

表 2-1　2016 年各水资源一级区供用水量　　　　单位：亿立方米

| 水资源一级区 | 供水量 | | | | 用水量 | | | | | |
|---|---|---|---|---|---|---|---|---|---|---|
| | 地表水 | 地下水 | 其他 | 供水总量 | 生活 | 工业 | 其中：直流火（核）电 | 农业 | 人工生态环境补水 | 总用水量 |
| 全国 | 4912.4 | 1057.0 | 70.8 | 6040.2 | 821.6 | 1308.0 | 480.8 | 3768.0 | 142.6 | 6040.2 |
| 北方 6 区 | 1784.4 | 947.3 | 53.2 | 2784.9 | 274.8 | 282.7 | 24.4 | 2089.6 | 101.8 | 2748.9 |
| 南方 4 区 | 3164.0 | 109.7 | 17.6 | 3291.3 | 646.8 | 1025.3 | 456.4 | 1678.6 | 40.8 | 3291.5 |
| 松花江区 | 282.1 | 216.9 | 1.6 | 500.7 | 29.0 | 40.8 | 12.7 | 416.0 | 15.0 | 500.8 |
| 辽河区 | 90.8 | 101.8 | 4.7 | 197.3 | 31.2 | 27.6 | 0.0 | 130.8 | 7.7 | 197.3 |
| 海河区 | 146.6 | 195.0 | 21.5 | 363.1 | 63.2 | 48.0 | 0.1 | 226.0 | 26.0 | 363.2 |
| 黄河区 | 257.7 | 121.3 | 11.5 | 390.4 | 46.5 | 55.6 | 0.0 | 272.7 | 15.6 | 390.4 |
| 淮河区 | 449.7 | 159.2 | 11.5 | 620.4 | 87.2 | 92.1 | 11.5 | 424.4 | 16.7 | 620.4 |
| 长江区 | 1957.9 | 68.6 | 12.2 | 2038.7 | 312.0 | 735.3 | 394.2 | 968.3 | 23.0 | 2038.6 |
| 其中:太湖流域 | 329.9 | 0.3 | 5.6 | 335.8 | 55.9 | 207.7 | 167.9 | 70.1 | 2.2 | 335.9 |
| 东南诸河区 | 304.2 | 6.5 | 1.4 | 312.1 | 66.4 | 101.9 | 8.8 | 136.4 | 7.5 | 312.2 |
| 珠江区 | 802.7 | 31.4 | 3.9 | 838 | 157.9 | 179.2 | 53.4 | 491.6 | 9.3 | 838 |
| 西南诸河区 | 99.0 | 3.2 | 0.1 | 102.3 | 10.5 | 8.8 | 0.0 | 82.0 | 1.0 | 102.3 |
| 西北诸河区 | 521.5 | 153.1 | 2.4 | 677.0 | 17.7 | 18.7 | 0.2 | 619.7 | 20.9 | 677.1 |

注：1. 生态环境用水不包括太湖的引江济太调水 1.4 亿立方米、浙江的环境配水 25.6 亿立方米和新疆的塔里木河向大西海子以下河道输送生态水、向塔里木河沿线胡杨林生态供水、阿勒泰地区向乌伦古湖及科克苏湿地补水共 17.4 亿立方米。

2. 资料来自中华人民共和国水利部《2016 年中国水资源公报》。

## 2.1.1　案例：南水北调工程

（1）事件描述

我国的黄淮海流域，特别是黄河下游的黄淮海平原，是水资源最为缺乏的地区。我国南涝北旱，为了缓解北方水资源严重短缺问题，20 世纪 50 年代我国提出"南水北调"的设想，后经过科研人员几十年勘察、测量和研究，最终确定南水北调的总体布局为：分别从长江上、中、下游调水，以适应西北、华北各地的发展需要，即南水北调西线工程、南水北调中线工程和南水北调东线工程。南水北调是一项水资源配置工程，其基本目标是从根本上缓解我国华北和西北水资源短缺问题，实现工程涉及范围内水资源最佳时空配置，通过三条调水线路与长江、黄河、淮河和海河四大江河的相互连通，可逐步构成以"四横三纵"为主体的总体布局。

2014 年 12 月 12 日，南水北调中线一期工程正式通水。这个工程于 2003 年 12 月 30 日开工建设，从丹江口水库调水，沿京广铁路线西侧北上，全程自流，向河南、河北、北京、天津供水，干线全长 1432km，年均调水量 95 亿立方米。工程移民迁安近 42 万人。南水北调工程是实现我国水资源优化配置、促进经济社会可持续发展、保障和改善民生的重大战略性基础设施，受益 4.38 亿人。

（2）原因分析

我国水资源的地理分布与耕地、能源、人口的地理分布十分不协调。"三北"地区（东北、西北、华北）的土地和耕地面积分别占全国土地、耕地面积的 63% 和 64%，煤炭和石油储量分别占全国储量的 52% 和 38%，人口占全国人口的 45%，而水资源量却只占全国水资源量的 19%；长江流域及其以南地区土地和耕地面积均占全国的 36%，煤炭和石油储量分别占全国的 11% 和 1%，人口占全国总人口的 55%，而水资源量却占全国的 81%。

据预测，经充分挖掘和利用当地水资源，并考虑了目前的引黄和引江水量后，2030 年黄淮海平原地区缺水量仍将达到 $150 \times 10^8$（平常年）~$300 \times 10^8$（枯水年）$m^3$。而长江是我国最大的河流，水资源丰富，多年平均径流约 $9600 \times 10^8 m^3$，特枯年有 $6000 \times 10^8 m^3$，其入海水量占天然径流量的 94% 以上，在充分考虑长江流域用水量增长后，仍有相当数量的余水可供北调以缓解北方地区缺水问题。

（3）影响分析

南水北调是一项跨空间、超地区性的大规模调水活动，随着我国北部水资源的紧缺，南水北调工程刻不容缓，但是南水北调工程建设、使用过程中有可能会有生态环境问题，为了保证生态环境与人类活动和谐，在南水北调工程建设上应该坚持可持续原则，在建设前做好事前方案的合理化设计，同时南水北调投入使用过程中要加强对国民保护南水北调生态环境意识的教育。南水北调完善与建立是一个发展的过程，需要我们不断去努力，根据国家发展和国民生活生产需要进行建设，需要全体人民共同维护。

（4）项目意义

根据我国的地形地貌特点、水土资源的分布与组合状况，以及经济社会发展对水资源的需求，规划确定的南水北调东、中、西 3 条调水线路，与长江、淮河、黄河、海河 4 大流域相互连贯形成"四横三纵"的总体格局。利用黄河贯穿我国从西到东的天然优势，通过对黄河水量的重新分配，协调东、中、西部经济社会发展对水资源的需求，达到我国水资源"南北调配、东西互济"的优化配置目标。东线、中线、西线三项工程年调水总量约 440 亿~450 亿立方米，可基本缓解受水区水资源严重短缺的状况，为经济社会可持续发展提供重要基础和保障，并逐步遏制因严重缺水而引发的生态环境日益恶化的问题。

（5）类似案例

类似南水北调的水资源的空间调配，在国际舞台上早就有运用，并且取得了很大的成功。例如墨西哥的南水北调工程、俄罗斯的北水南调工程等都是很好的成功例子。尽管这些调水工程对国家的发展起到了很大的促进作用，但是如果问题考虑不周也会造成隐患，其中俄罗斯的北水南调工程就因为缺乏实践探讨，造成喀拉海的水量减少并对周边民众造成不利影响。

## 2.1.2　教学活动

（1）水的匮乏

水资源的匮乏是全世界面临的难题。水是一种普通的物质，但在维持地球上人类和其他生物生存的过程中，却又弥足珍贵，它是生命的源泉。从整个水圈看，地表水中的海水约占整个水圈的 97.5%，而真正能够被人类直接利用的淡水资源数量极为有限。

我国水资源总量位居世界第六，但人均占有量居世界第 110 位，接近中度缺水水平。2009 年，我国水资源总量为 2.8 万亿立方米，其中地下水 0.83 万亿立方米，由于地表水与地下水相互转换、互为补给，扣除两者重复计算量 0.73 万亿立方米，与河川径流不重复的地下水资源量约为 0.1 万亿立方米。从人均水资源占有量看，我国人均水资源占有量仅为 $2220m^3$。按照国际公认的标准，人均水资源低于 $3000m^3$ 为轻度缺水；人均水资源低于 $2000m^3$ 为中度缺水；人均水资源低于 $1000m^3$ 为重度缺水；人均水资源低于 $500m^3$ 为极度缺水。我国目前有 16 个省（区、市）人均水资源量（不包括过境水）低于 $1000m^3$（重度缺水），有 6 个省（区、市）人均水资源量低于 $500m^3$（极度缺水）。

（2）水的分布不均

水资源地区分布不均，进一步加剧了水紧张状态。按流域划分，我国水资源共可分为 10 个主要流域，分别是松花江、辽河、海河、淮河、黄河、长江、东南诸河、珠江、西南诸河、西北诸河流域。根据 2004~2008 年我国各流域水资源分布表，我国水资源主要分布在长江流域、西南诸河、珠江流域、东南诸河和西北诸河流域，2008 年上述五大流域的水资源总量之和占我国水资源总量的 88%，其中长江流域水资源总量最大，占我国水资源总量的 34.48%。从国土面积与水资源比例看，长江流域及其以南地区国土面积只占全国的 36.5％，其水资源量占全国的 81％；淮河流域及其以北地区的国土面积占全国的 63.5％，其水资源量仅占全国水资源总量的 19％。从人口与水资源比例看，全国 82％的人口仅占据 47％的水资源。

目前，全国 600 多个城市中有 2/3 供水不足，其中 1/6 严重缺水。如果不对现有水资源进行合理管理，水资源短缺形势将更为严峻。

从矿产资源与水资源比例看，南方耕地矿产少，水量有余；北方耕地矿产多，水资源短缺。华北地区已探明的 49 种主要矿产资源的潜在价值占全国的 41.2％，而水资源仅占 4.7％；江南地区矿产资源仅占全国的 10.2％，而水资源却占全国的 42.6％。综上分析，根据中国水资源禀赋条件判断，区域结构性缺水现象将长期存在，以解决生产生活用水为目的的跨区域、跨流域调配水工程将普遍而持续地开展。

（3）解决水资源短缺的措施

水资源的稀缺，从本质上来说，是由水资源的不可再生性决定的。地球上水的总量是一定的，饮用淡水的总量就更少了，随着不合理利用和浪费的现象越来越多，水资源的缺乏问题日益明显。

对于水资源短缺问题的解决，最有前景的办法应该是开发不可用水。比如海水淡化，地下水的开发和采集，以及两极冰川的利用。其实，地球上水资源的量是足够的，我们所说的水资源短缺仅仅是指淡水，或者说是可随意利用的水资源稀缺。所以，变不可用水为可用水是一大解决方法。

另外，号召人们节约用水和重复利用水资源也是一个办法。防止水污染也可以缓解水资源紧张问题，因为水污染也是导致水资源短缺的重要原因之一。

## 2.1.3 知识要点

① 水是地球上最丰富的化合物，海洋、陆地、大气中固态水、液态水、气态水构成一个整体连续、相互作用，又相互不断交换的圈层，称为水圈。

② 地球表层的水有大气中的水汽和水滴，海洋、湖泊、水库、河流、土壤、含水层和生物体中的液态水，冰川、积雪和永久冻土中的固态水，以及岩石中的结晶水等。

③ 有限的淡水存在的主要问题有哪些？

④ 水环境的概念。

⑤ 水资源可分为广义的水资源和狭义的水资源。

⑥ 目前全球的水资源分布状况。

⑦ 我国的水资源使用情况。

⑧ 水资源开发利用的总体战略。

⑨ 分析哪些原因导致水资源短缺。

## 2.2 水体富营养化

近年来，随着世界各国经济发展速度加快，工业废水和城市生活污水的排放量随之增加，严重污染了很多水体。据有关资料显示，每年水质污染包括水体富营养化所引起的经济损失就高达 500 亿元左右。我国加入 WTO 以来，对无公害水产品的需求越来越多，因此生态环境的修复和保护已势在必行，刻不容缓。

由于水体中 N、P 营养物质的富集，引起藻类及浮游生物迅速繁殖，水体溶解氧量下降，使鱼类或其他生物大量死亡、水质恶化的现象，称为水体富营养化。水体发生富营养化后，浮游生物大量繁殖，因占优势的浮游生物的颜色不同，水面往往呈现蓝色、红色、棕色、乳白色等，这种现象在江河湖泊中称为"水华"，在海洋中则称为"赤潮"，见表 2-2。

**表 2-2  贫营养湖泊与富营养湖泊特征比较**

| 指标 | 贫营养 | 富营养 | 指标 | 贫营养 | 富营养 |
|------|--------|--------|------|--------|--------|
| 营养物质 | 贫乏 | 丰富 | 湖底 | 砂石、砂砾 | 淤泥沉积物 |
| 浮游藻类 | 稀少 | 较多 | 水质透明度 | 清澈透亮 | 浑浊发暗 |
| 有根植物 | 稀疏 | 茂盛 | 水温 | 较低(冷水) | 较热(热水) |
| 湖水深度 | 较深 | 较浅 | 特征鱼类 | 鲑鱼等 | 鲤、草、鲢鱼等 |

根据《2016 年中国环境状况公报》可知，太湖、巢湖为轻度污染，滇池为重度污染。淀山湖、洪泽湖、达赉湖、白洋淀、阳澄湖、小兴凯湖、贝尔湖、兴凯湖、南漪湖、高邮湖和瓦埠湖为轻度富营养化，其他湖泊均为中营养或贫营养。

27 个重要水库中，尼尔基水库为轻度污染，主要污染指标为总磷和高锰酸盐指数；莲花水库、大伙房水库和松花湖水库为轻度污染，主要污染指标为总磷；其他 23 个水库水质均为优良。

### 2.2.1 案例：蓝藻危机

（1）事件描述

从 2007 年 5 月 29 日开始，江苏省无锡市城区的大批市民家中自来水水质突然发生变化，并伴有难闻的气味，无法正常饮用。原因是作为当地饮用水源的太湖出现了大面积蓝藻，这个年年侵扰太湖的"常客"，这一年来得更早、更凶。小小蓝藻一夜间打乱了数百万无锡市民的正常生活，超市内的纯净水被抢购一空。

（2）原因分析

① 化肥流失。人类使用的合成氮肥是进入水域的营养物质的最主要来源。根据全球的统计数据，在施用于土地的氮肥中，平均12%的合成氮肥直接流入了水域。而在某些高流失量地区，比如在降水量较多的农耕地区，这个统计数字可能高达30%。

② 生活污水输出过量营养物质。日益增长的人口数量增加了污水的排放量，由此也增加了排放到自然环境中的营养物质量。

③ 畜禽养殖输出过量营养物质。畜禽养殖也会输出过量的营养物质，养殖场如果没有垃圾和污水处理设施，会使大量营养物质流入水体。

④ 农业和生活污水含磷物质的排放。在当今的工业产磷量里，80%～85%用于制造化肥，另外用磷相对较多的工业行业是洗涤剂行业。从某一地区来看，虽然工业磷排放所占比重较大，但总体上看，流入水体的磷主要还是来自城市污水和农业排放。农业磷排放中，又主要来自养殖业和化肥使用。

⑤ 工业污染排放。很多工业制造和加工工厂使用氮和磷的化合物作为基础产品，如化肥厂、农药厂、食品加工厂、含磷清洁剂、使用尿素作为基础产品的行业。

⑥ 矿物燃料的燃烧。矿物燃料燃烧过程（既包括交通工具燃烧汽油，也包括电厂的发电过程）产生的氮氧化物（$NO_x$）能够直接沉积进入水体，或者先存在于土壤中，间接地被冲刷入水体里。

（3）影响分析

① 水体中藻类数量增多，但种类发生变化。

② 水体透明度降低，溶解氧大量减少，水质污染。

③ 鱼类、贝类等水生生物衰亡甚至绝迹。

④ 加速湖泊等水域的衰亡过程。

⑤ 危害人体健康，一些藻类产生的腥臭味是常规饮用水处理工艺难以去除的，因此给饮用水带来不良味觉。

（4）对策分析

① 控制外源性营养物质输入。绝大多数水体富营养化主要是外界输入的营养物质在水体中富集造成的。为此，首先应该着重减少或者截断外部营养物质的输入，控制外源性营养物质，控制人为污染源。

② 减少内源性营养物质负荷。输入湖泊等水体的营养物质在时空分布上是非常复杂的。氮、磷元素在水体中可能被水生生物吸收利用，或者以溶解性盐类形式溶于水中，或者经过复杂的物理化学反应和生物作用而沉降，并在底泥中不断积累，或者从底泥中释放进入水中。减少内源性营养物负荷，有效地控制湖泊内部磷富集，应视不同情况，采用不同的方法。

（5）类似案例

世界上大部分的大型湖泊未受影响，水质良好，如贝加尔湖、苏必利尔湖、马拉维湖、坦噶尼喀湖、大熊湖、大奴湖等；而在气候干燥地区，水体富营养化情况相对严重，如西班牙的 800 座水库中，至少有 1/3 处于重富营养化状态，在南美、南非、墨西哥及其他一些地方都有水库严重富营养化的报道。加拿大湖泊众多，发生富营养化的湖泊主要集中在加拿大南部人口稠密地区，其大部分湖泊（约 3/4）处于贫营养状态。

## 2.2.2 教学活动

（1）水体富营养化的原理

水体中过量的氮、磷等营养物质主要来自未加处理或处理不完全的工业废水和生活污水、有机垃圾和家畜家禽粪便以及农施化肥，其中最大的来源是农田上施用的大量化肥。

① 氮源。农田径流挟带的大量氨氮和硝酸盐氮进入水体后，改变了其中原有的氮平衡，促进某些适应新条件的藻类种属迅速增殖，覆盖了大面积水面。例如我国南方水网地区一些湖汊、河道中从农田流入的氮促进了水花生、水葫芦、水浮莲、鸭草等浮水植物的大量繁殖，致使有些河段航运受到影响。在这些水生植物死亡后，细菌将其分解，从而使其所在水体中增加了有机物，导致耗氧量加大，使大批鱼类死亡。最近，美国的有关研究部门发现，含有以尿素、氨氮为主要氮形态的生活污水和人畜粪便，排入水体后会使正常的氮循环变成"短路循环"，即尿素和氨氮的大量排入，破坏了正常的氮、磷比例，并且导致在该水域生存的浮游植物群落完全改变，原来正常的浮游植物群落是由硅藻、鞭毛虫和腰鞭虫组成的，而这些种群几乎完全被蓝藻、红藻和小的鞭毛虫类（*Nannochloris* 属，*Stichococcus* 属）所取代。

② 磷源。水体中的过量磷主要来源于肥料、农业废弃物和城市污水。据有关资料说明，在美国进入水体的磷酸盐有 60% 来自城市污水。在城市污水中磷酸盐的主要来源是洗涤剂，它除了引起水体富营养化以外，还使许多水体产生大量泡沫。水体中过量的磷一方面来自外来的工业废水和生活污水；另一方面还有其内源

作用，即水体中的底泥在还原状态下会释放磷酸盐，从而增加磷的含量，特别是在一些因硝酸盐引起的富营养化的湖泊中，由于城市污水的排入使之更加复杂化，会使该系统迅速恶化，即使停止加入磷酸盐，问题也不会解决。这是因为多年来在底部沉积了大量的富含磷酸盐的沉淀物，虽然由于不溶性的铁盐的保护层作用，通常它是不会参与混合的，但是，当底层水含氧量低而处于还原状态时（通常在夏季分层时出现），保护层消失，磷酸盐便会释入水中。

（2）水体富营养化防治对策

水体富营养化的防治是水污染处理中最为复杂和困难的问题。这是因为：a.污染源的复杂性。导致水质富营养化的氮、磷营养物质，既有天然源，又有人为源，既有外源性，又有内源性，这就给控制污染源带来了困难。b.营养物质去除的高难度。至今还没有任何单一的生物学、化学和物理措施能够彻底去除废水中的氮、磷营养物质。通常的二级生化处理方法只能去除30%~50%的氮、磷。

控制水体富营养化的具体措施有：a.控制多种入湖污染源，完善污水管网覆盖率，加强流域内污水处理等基础设施建设，提高污水处理厂对工业废水及生活污水的脱氮除磷效率；减少化肥的施用量，提高化肥的使用效率，科学施肥，合理用药，控制农业面源中氮磷等营养物的输出。b.合理调整产业结构和有效转变经济发展方式。通过调整产业结构和转变发展方式，推动工业企业转型升级，推广生态农业理念，促进第三产业快速发展，实现污染物的总量减排。c.定期疏浚底泥，科学确定清淤深度；构建人工湿地，净化进入河湖的水质；加强沟渠、河道及沿湖湿地的绿化，设置生态缓冲区、构建乔木、挺水植物、水生植物、漂浮植物及水生动物为一体的多元化生态岸线。

（3）水体富营养化恢复

其主要意义有：

① 对富营养化河、湖水体进行治理修复，是社会经济发展、城市景观、生态环境建设的迫切需要，具有经济和环境双重效益。

② 可明显提高富营养化河、湖水体的治理效果，大大缩短治理周期，有效降低处理成本。

③ 恢复水体使用功能，有效缓解我国水资源严重匮乏的问题。

④ 改善居民居住环境，提高人民生活质量。

国外许多国家已经认识到，政府对污水采用三级处理，去除点源污水中的氮和磷，加以回收再利用，是较为先进、较为经济、较为有效的防治水体富营养化的积极措施。

① 工程性措施。包括挖掘底泥沉积物、进行水体深层曝气、注水冲稀以及在底泥表面敷设塑料等。挖掘底泥，可减少乃至消除潜在性内部污染源；深层曝气，可定期或不定期采取人为湖底深层曝气而补充氧，使水与底泥界面之间不出现厌氧层，经常保持有氧状态，有利于抑制底泥磷释放。此外，在有条件的地方，用含磷和氮浓度低的水注入湖泊，可起到稀释营养物质浓度的作用。

② 化学方法。这是一类包括凝聚沉降和用化学药剂杀藻的方法，例如有许多种阳离子可以使磷有效地从水溶液中沉淀出来，其中最有价值的是价格比较便宜的铁、铝和钙，它们都能与磷酸盐生成不溶性沉淀物而沉降下来。例如美国华盛顿州西部的长湖是一个富营养水体，1980 年 10 月工作人员用向湖中投加铝盐的办法来沉淀湖中的磷酸盐。在投加铝盐后的第四年夏天，湖水中的磷浓度则由原来的 $65\mu g/L$ 降到 $30\mu g/L$，湖泊水质有较明显的改善。还有一种方法是用杀藻剂杀死藻类。这种方法适合于水华盈湖的水体。杀藻剂将藻类杀死后，水藻腐烂分解仍旧会释放出磷，因此，应该将被杀死的藻类及时捞出，或者再投加适当的化学药品，将藻类腐烂分解释放出的磷酸盐沉降。

③ 生物性措施。生物性措施是利用水生生物吸收利用氮、磷元素进行代谢活动以去除水体中氮、磷营养物质的方法。目前，有些国家开始试验用大型水生植物污水处理系统净化富营养化的水体。大型水生植物包括凤眼莲、芦苇、狭叶香蒲、加拿大海罗地、多穗尾藻、丽藻、破铜钱等许多种类，可根据不同的气候条件和污染物的性质进行适宜的选栽。水生植物净化水体的特点是以大型水生植物为主体，植物和根区微生物共生，产生协同效应，净化污水。经过植物直接吸收、微生物转化、物理吸附和沉降作用除去氮、磷和悬浮颗粒，同时对重金属也有降解效果。水生植物一般生长快，收割后经处理可作为燃料、饲料，或经发酵产生沼气。这是目前国内外治理湖泊水体富营养化的重要措施。

近年来，有些国家采用生物控制的措施控制水体富营养化，也收到了比较明显的效果。例如德国近年来采用了生物控制方法，成功地改善了一个人工湖泊（平均水深 7m）的水质。其办法是在湖中每年投放食肉类鱼种如狗鱼、鲈鱼等。

## 2.2.3 知识要点

① 海洋、湖泊、水库等储蓄水体中富营养化的发生，是当今世界水污染治理的难题，已成为全球最严重的环境问题之一，全球约有 75% 以上的封闭型水体存在富营养化问题。

② N 一般是以铵盐、亚硝酸盐和硝酸盐的形式存在于水环境中。在还原条件下，

$NH_3$、$NH_4^+$ 这两种形态随 pH 值变化而发生变化。当 pH 值小于 8 时，N 大多数以无毒的 $NH_4^+$ 形态存在。在碱性条件下，$NH_3$ 的浓度增加，此时对水生生物有害。

③ 污水中 P 主要以有机磷和无机磷两种形式存在，其中以无机磷的形式存在的 P 可占总磷的 85%～95%。

④ 水体富营养化的概念。

⑤ 水体富营养化的过程。

⑥ 水体富营养化出现的现象和结果。

⑦ 水体富营养化有哪些指标。

## 2.3　湿地破坏

一个无法忽视的事实是：湿地有巨大的生态价值。它不仅可以补充地下水或作为直接利用的水源，又能有效控制洪水和防止土壤沙化，还能滞留沉积物、有毒物、营养物质，从而改善环境污染；此外，它还能以有机质的形式储存碳元素，减少温室效应，保护海岸不受风浪侵蚀，提供清洁方便的运输方式……也正是这样的原因，湿地也被人们称为"地球之肾"。

另外，湿地还具有丰富的动植物资源，虽然湿地覆盖地球表面仅 6%，却为地球上 20% 的已知物种提供了生存环境，也正是因为这样的原因，湿地也给人类和陆地上的其他动物提供了源源不断的物质能源，比如人类所需要的绝大部分水产品和部分禽畜产品、谷物、药材也都是由湿地生态系统提供的。联合国环境署权威研究数据显示，$1hm^2$ 湿地生态系统每年创造的价值高达 1.4 万美元，是热带雨林的 7 倍，是农田生态系统的 160 倍。

从广义上而言，湿地泛指地表过湿或有积水的地区，包括水下和水面无植物生长的明水面和大型江河的主河道；从狭义上而言，湿地是指有喜湿生物栖息活动、地表常年或季节积水及土层严重潜育化 3 个条件并存的陆地和水域之间的过渡地带。按《国际湿地公约》定义，湿地系指天然或人工、长久或暂时之沼泽地、湿原、泥炭或水域地带，带有静止或流动，或为淡水、半咸水或咸水水体者，包括低潮时水深不超过 6m 的水域，潮湿或浅积水地带发育成水生生物群和水成土壤的地理综合体。

近年来由于湿地围垦、生物资源的过度利用、湿地环境污染、湿地水资源过度利用、大江大河流域水利工程建设、泥沙淤积、海岸侵蚀与破坏、城市建设与旅游业的盲目发展等不合理利用导致湿地生态系统退化，造成湿地面积缩小，水质下降、水资源减少甚至枯竭、生物多样性降低、湿地功能降低甚至丧失，因此迫切需要对湿地进行保护、恢复和重建。

中国的湿地类型多样，分布广泛。从寒温带到热带，从平原到山地、高原，从沿海到内陆都有湿地发育。湿地大体上可分为天然湿地和人工湿地两大类。1999年国家林业局为了进行全国湿地资源调查，参照《湿地公约》的分类将中国的湿地划分为近海与海岸湿地、河流湿地、湖泊湿地、沼泽与沼泽化草甸湿地、库塘等5大类28种类型，如表2-3所示。

**表2-3  我国湿地的类型及面积**

| 湿地5360.26万公顷 | | | | |
|---|---|---|---|---|
| 自然湿地4667.47万公顷 | | | | 库塘 674.59万公顷 |
| 近海与海岸湿地 579.59万公顷 | 河流湿地 1055.21万公顷 | 湖泊湿地 859.38万公顷 | 沼泽与沼泽化草甸湿地 2173.29万公顷 | |

注：根据2013年第二次全国湿地资源调查结果。

我国湿地主要分布在东北和西部，东北区域的湿地呈现大面积持续减少的趋势，而西部区域则出现了增加的趋势，因而湿地变化表现为西部省区和北部省区之间的差异。而在其他省区，湿地虽然也在减少，但是由于湿地分布面积相对较少，因而湿地变化被划归为一类。如表2-4所示。

**表2-4  1978～2008年全国各省（区、市）湿地变化统计**

| 省（区、市） | | 湿地面积变化/km$^2$ | | | 省（区、市） | 湿地面积变化/km$^2$ | | |
|---|---|---|---|---|---|---|---|---|
| | | 1978～ 1990年 | 1990～ 2000年 | 2000～ 2008年 | | 1978～ 1990年 | 1990～ 2000年 | 2000～ 2008年 |
| a | 黑龙江 | −9808 | −13766 | −1325 | 湖南 | −2094 | 401 | −1416 |
| | 内蒙古 | −11347 | −7771 | −2479 | 四川 | −2203 | −65 | −755 |
| b | 新疆 | −8609 | 564 | −160 | 湖北 | −883 | −189 | −1832 |
| | 青海 | −9601 | 337 | −1855 | 江西 | −206 | −1260 | −813 |
| c | 西藏 | −6330 | 1674 | 43387 | 吉林 | −3701 | −5116 | 866 |
| | 河北 | −242 | −755 | 129 | 辽宁 | −1978 | −393 | −220 |
| | 甘肃 | −1436 | −585 | −97 | 重庆 | −351 | −49 | 98 |
| | 北京 | 23 | −30 | −70 | 上海 | −169 | −278 | −36 |
| | 山西 | −329 | −50 | −38 | 云南 | −565 | 76 | −146 |
| | 天津 | 104 | 104 | −275 | 贵州 | −202 | 25 | 4 |
| | 浙江 | −943 | 5 | 63 | 福建 | −775 | 170 | −420 |
| | 陕西 | −588 | −306 | −28 | 台湾 | −483 | 2 | −102 |
| | 江苏 | −619 | 28 | −334 | 广西 | −1112 | 140 | −230 |
| | 山东 | 1239 | −740 | 682 | 广东 | −895 | −60 | −27 |
| | 安徽 | — | −93 | −514 | 香港 | −32 | 2 | 0 |
| | 河南 | −425 | −236 | 101 | 澳门 | 8 | −1 | 2 |
| | 宁夏 | −340 | −273 | 50 | 海南 | −350 | 61 | −122 |

注：a北部省（区、市）；b西部省（区、市）；c其他省（区、市）。

## 2.3.1 案例：三江湿地

（1）事件描述

三江湿地位于黑龙江省抚远市和同江市境内，距离哈尔滨约 400km，地处我国的最东北角，是黑龙江与乌苏里江汇流的三角地带。地理坐标为东经 133°43′20″～134°46′40″，北纬 47°26′～48°22′50″。总面积 198089hm²。三江平原是由黑龙江、松花江、乌苏里江冲积而形成的低平原，是我国最大的沼泽湿地集中区，也是世界最重要的湿地之一。由于大规模过度开发，湿地面积已大量减少，土地沙化从无到有、水土流失日趋严重、生物多样性锐减。当地政府对三江平原湿地遭到严重破坏的情况给予了高度重视。2002 年和 2004 年，政府组织专家对湿地进行了调查，提出了保护湿地的具体意见。先后实施了全面停止开荒，退耕还林、还湿、还荒的恢复生态措施。经过十几年的建设和保护，湿地得到了明显恢复和保存，生物的多样性更加显现。三江湿地对比如图 2-1、图 2-2 所示。

图 2-1　曾经的三江湿地

（2）原因分析

治理保护前，三江平原现有大小工矿和乡镇企业 7700 多个，年排工业废水 1.43 亿吨，生活污水 0.56 亿吨。乌裕尔河沿岸有 8 个乡镇、541 个工业企业，它们所产生的工业废水和生活废水没有经过处理，直接排入江河湖泊中，造成湿地污染，水环境恶化，水生动物大量死亡，野生动物减少，生物多样性遭到严重破坏。

图 2-2　现在的三江湿地（2010 年）

丹顶鹤、白鹤等珍稀鸟类的数量明显减少，冠麻鸭等绝迹，三江平原鲟、鳇等名贵鱼类资源大幅下降。

（3）影响分析

① 湿地锐减危及鸟类生存：候鸟将失去暂居地。有些水鸟的繁殖或者栖息地十分有限，比如丹顶鹤，它的繁殖地主要在黑龙江三江平原的沼泽地或者芦苇地里面，如果这些地方遭到严重破坏，它们就会失去繁殖地。

② 湿地退化影响湖海生物：鱼类品种数锐减。

③ 湿地退化加剧水资源危机。在地球上，湿地与海洋、森林一起并称为地球的三大生态系统。由于湿地面积减少和功能下降，一些内陆湿地丧失了淡水存蓄、调洪蓄洪的功能，加剧了水资源危机并增加了洪水灾害风险。

（4）对策分析

① 保护生物多样性，控制非法捕杀行为，合理种植保水植物，保证微生物种群的正常代谢。

② 保护水源，避免其被污染，主要是不能超过湿地对污染物的承受负荷。

③ 适当补水，保持湿地的正常水环境，特别是在结冰期和枯水期。

④ 开发湿地的景观价值和生态价值，这样才能让更多的人关注湿地保护湿地。

（5）类似案例

温州三垟湿地位于温州中心城区以南，面积约 11.93km$^2$，内部水网密布，由

160 余座岛屿组成，自然风光十分秀丽，素有"浙南威尼斯"之美誉。近年来随着大量生活、养殖、工业污水的排入，湿地水体受到污染。

## 2.3.2　教学活动

（1）湿地保护的重要意义

湿地不但具有丰富的资源，还有巨大的环境调节功能和生态效益。各类湿地在提供水资源、调节气候、涵养水源，均化洪水、促淤造陆、降解污染物，保护生物多样性和为人类提供生产、生活资源方面发挥了重要作用。

① 湿地的生态效益

a. 维持生物多样性。湿地的生物多样性占有非常重要的地位。依赖湿地生存、繁衍的野生动植物极为丰富，其中有许多是珍稀特有的物种，湿地是生物多样性丰富的重要地区和濒危鸟类、迁徙候鸟以及其他野生动物的栖息繁殖地。在 40 多种国家一级保护的鸟类中，约有 1/2 生活在湿地中。中国是湿地生物多样性最丰富的国家之一，亚洲有 57 种处于濒危状态的鸟，在中国湿地已发现有 31 种；全世界有鹤类 15 种，中国湿地鹤类占 9 种。中国许多湿地是具有国际意义的珍稀水禽、鱼类的栖息地，天然的湿地环境为鸟类、鱼类提供丰富的食物和良好的生存繁衍空间，对物种保存和保护物种多样性发挥着重要作用。湿地是重要的遗传基因库，对维持野生物种种群的存续，筛选和改良具有商品意义的物种，均具有重要意义。中国利用野生稻杂交培养的水稻新品种，使其具备高产、优质、抗病等特性，在提高粮食生产方面产生了巨大效益。

b. 调蓄洪水，防止自然灾害。湿地在控制洪水，调节水流方面功能十分显著。湿地在蓄水、调节河川径流、补给地下水和维持区域水平衡中发挥着重要作用，是蓄水防洪的天然"海绵"。我国降水的季节分配和年度分配不均匀，通过天然和人工湿地的调节，湿地可以储存来自降雨、河流过多的水量，从而避免发生洪水灾害，保证工农业生产有稳定的水源供给。长江中下游的洞庭湖、鄱阳湖、太湖等许多湖泊曾经发挥着储水功能，防止了无数次洪涝灾害；许多水库，在防洪、抗旱方面发挥了巨大的作用。沿海许多湿地抵御波浪和海潮的冲击，防止了风浪对海岸的侵蚀。中科院研究资料表明，三江平原沼泽湿地蓄水达 38.4 亿立方米，由于挠力河上游大面积河漫滩湿地的调节作用，能将下游的洪峰值削减 50%。此外，湿地的蒸发作用可以在附近区域制造降雨，使区域气候条件稳定，具有调节区域气候的作用。

c. 降解污染物。工农业生产和人类其他活动以及径流等自然过程造成农药、工业污染物、有毒物质进入湿地，湿地的生物和化学过程可使有毒物质降解和转化，使当地和下游区域受益。

② 湿地的经济效益

a. 提供丰富的动植物产品。中国鱼产量和水稻产量都居世界第一位；湿地提供的莲、藕、菱、芡及浅海水域的一些鱼、虾、贝、藻类等是富有营养的副食品；有些湿地动植物还可入药；有许多湿地动植物还是发展轻工业的重要原材料，如芦苇就是重要的造纸原料；湿地动植物资源的利用还可间接带动加工业的发展；中国的农业、渔业、牧业和副业生产在相当程度上要依赖于湿地提供的自然资源。

b. 提供水资源。水是人类不可缺少的生态要素，湿地是人类发展工、农业生产用水和城市生活用水的主要来源。我国众多的沼泽、河流、湖泊和水库在输水、储水和供水方面发挥着巨大作用。

c. 提供矿物资源。湿地中有各种矿砂和盐类资源。中国的青藏、蒙新地区的碱水湖和盐湖，分布相对集中，盐的种类齐全，储量极大。盐湖中，不仅赋存大量的食盐、芒硝、天然碱、石膏等普通盐类，而且还富集着硼、锂等多种稀有元素。中国一些重要油田，很多分布在湿地区域，湿地的地下油气资源开发利用在国民经济中的意义重大。

d. 能源和水运。湿地能够提供多种能源，水电在中国电力供应中占有重要地位，水能蕴藏占世界第一位，达 6.8 亿千瓦，有着巨大的开发潜力。我国沿海多河口港湾，蕴藏着巨大的潮汐能。从湿地中可以直接采挖泥炭用于燃烧，湿地中的林草作为薪材是湿地周边农村中重要的能源来源。湿地有着重要的水运价值，沿海沿江地区经济的快速发展，很大程度上受惠于此。中国约有 10 万千米内河航道，内陆水运承担了大约 30% 的货运量。

③ 湿地的社会效益

a. 观光与旅游。湿地具有自然观光、旅游、娱乐等美学方面的功能，中国有许多重要的旅游风景区都分布在湿地区域。滨海的沙滩、海水是重要的旅游资源，还有不少湖泊因自然景色壮观秀丽而吸引人们前往，成为旅游和疗养胜地。滇池、太湖、洱海、杭州西湖等都是著名的风景区。除可创造直接的经济效益外，湿地还具有重要的文化价值。城市中的水体，在美化环境、调节气候、为居民提供休憩空间方面有着重要的社会效益。

b. 教育与科研价值。湿地生态系统、多样的动植物群落、濒危物种等，在科研中都有重要地位，它们为教育和科学研究提供了对象、材料和试验基地。一些湿地中保留着过去和现在的生物、地理等方面演化进程的信息，在研究环境演化、古地理方面有着重要价值。

（2）如何保护利用湿地

① 从老工业区到城市湿地乐园。英国在湿地保护利用上的一大经验是将城市附近荒废的老工业区改造成为湿地公园。伦敦湿地中心是世界上第一个建在大都市中心的湿地公园，距离白金汉宫只有 25min 车程。这里曾经只是个废弃的水库。在建设伦敦湿地中心的过程中，当地人始终抱着这样一个意识：湿地是一个生态系统，生态系统的建立和运转需要一定的时间，不能急于求成，因此这个湿地公园在建成 8 年后才对外开放。其间，科技人员定期监测生物的恢复状态，直到这里水草丰盈、树木繁茂。

如今，这里已成为欧洲最大的城市人工湿地系统，种植了 30 多万株水生植物和 3 万多棵不同的树木，常年栖息和迁徙经过的鸟类达到 180 多种。

② 科学管理促进湿地健康发展。在保护好湿地的同时，如何既能产生一定经济效益，又能开展科研工作？日本在这方面的做法值得借鉴。

一是严格控制游客数量。为避免人类活动对湿地造成重大影响，一旦游客临近或达到事先设定人数，湿地公园就不再放行。二是注重寓教于乐。不少湿地公园里的动物模型都是用软木雕刻成的。这样做既减少了制作费用，又不会伤害动物。公园还出售软木，供游客亲手制作小动物模型。三是合理设计公园设施。北海道湿地公园为游客设计了能看到最多景观的路线，推荐最佳观赏时间，并提供大量资料供游客取阅。工作人员估算游客感觉疲惫的行走距离，恰到好处地设置可供休息的小亭子。待游客坐下一看，还能发现旁边正好就有一些湿地动植物的小图片、小资料。一趟旅行下来，游客们玩得尽兴，也学得开心。

湿地风景区还应成为良好的科研基地。日本瓢湖湿地保护区多年来一直坚持观测候鸟，从第一只鸟飞来的那天开始，直到最后一只鸟离开，都记录在案。工作人员还在保护区周边 2km 内设置了大量摄像头，需要时可随时拉近镜头，在不打扰鸟类的同时，方便了科研人员或游客的近距离观察。

③ 在实践中提高湿地保护意识。不打扰小动物是研究和观赏湿地生物的要求之一。在欧美一些国家的湿地公园里，常常可以看到父母向小孩示意安静，因为旁边的那只小鸟正在睡觉呢。作为回报，公园也会开辟专门的区域供游客近距离接触湿地动植物。

明尼阿波利斯是美国明尼苏达州最大的城市，该市有一个著名的野生动物保护所，每年吸引了大量游客，尤其是中小学生，游客可以亲自用小网兜等工具捕捞鱼虾和昆虫，在显微镜下观察并学习相关的生物知识。在日本琵琶湖湿地公园的体验区，游客可以伸手到水池里摸一摸鱼，捏一捏海参，大人小孩都捋袖子齐上阵，玩得不亦乐乎。在韩国安山市的湿地实验学校，学生们可以自己踩水车扬水，将水引入晒池晒盐，晒好的盐学生们可以自己带走，在学校附近的滩涂，工作人员还种上各种湿地常见的植物，让学生们辨识。

④ 区域联动共同保护湿地资源。相当一部分湿地资源跨越了多个国家和地区，因此，区域联动、通力协作就成为保护湿地及其他生态环境的必然选择。斑尾塍鹬的迁徙就是一个成功例子。

每年 3 月下旬，500 多万只斑尾塍鹬都要从南半球的新西兰出发，飞抵北半球的中国、朝鲜和日本等国家的滩涂。它们在这里停歇约 5 周后继续飞往美国阿拉斯加繁衍后代，之后再飞回新西兰。这趟超过 35 万千米的旅程跨越了 22 个国家和地区，这些国家和地区共同努力，可以更好地保障这趟迁徙的顺利完成。

为此，澳大利亚、日本每年都会出资召开研讨会，供沿途的国家交流数据，共享资料。美国还为一些鸟装上了价值 5000 美元的小型卫星跟踪装置，并动用了 3 颗卫星进行全程监测，所得数据无偿提供给这 22 个国家和地区的相关组织。更重要的是，各个国家和地区都尽力保护沿途湿地，不轻易开发这些一年可能只被小鸟使用几周的湿地，大家深知一旦路途中的某块湿地受到破坏，这个跨越 22 个国家和地区的旅程就无法继续了。

### 2.3.3　知识要点

① 湿地的概念、我国湿地的分布、湿地的重要价值。
② 湿地开发利用存在的问题，分析其危害并了解综合治理保护措施。
③ 湿地的概念以及湿地的类型。
④ 湿地的作用。
⑤ 湿地生态系统的概念。
⑥《湿地公约》的形成、重要意义。
⑦ 目前我国湿地面对的主要问题。

## 参考文献

[1] 得春，郑信.世界水资源的短缺与对策措施综述 [J].经济研究参考，1996（A9）：33-39.

[2] 李桂亭，王杰.国内外水资源危机现状及其原因 [J].安徽农学通报，2007（15）：40.

[3] 彭峰，陈继兰.水危机与生态环境保护 [J].中国环保产业，2003（12）：5-6.

［4］ 刘国纬.关于中国南水北调的思考［J］.水科学进展，2000（3）：345-350.

［5］ 河北省南水北调工程办公室.南水北调总体规划简介［J］.南水北调与水利科技，2002（2）：2.

［6］ 张辰亚.南水北调工程对生态环境的影响与对策［J/OL］.科技与企业，2014（2）：133.

［7］ 马经安，李红清.浅谈国内外江河湖库水体富营养化状况［J］.长江流域资源与环境，2002（6）：575-578.

［8］ 刘扬扬，靳铁胜，杨瑞坤.浅析水体富营养化的危害及防治［J］.中国水运（下半月），2011，11（5）：150-151.

［9］ 宋跃群，胡长敏，陶甄彦，等.温州三土羊湿地水污染成因及治理对策研究［J］.环境与可持续发展，2006（1）：63-65.

［10］ 张明祥，严承高，王建春，等.中国湿地资源的退化及其原因分析［J］.林业资源管理，2001（3）：23-26.

［11］ 朱庆春.巢湖水体富营养化成因分析及治理对策［J］.安徽农学通报，2017，23（9）：97-98.

# 3 大气环境问题案例

按照国际标准（ISO）对大气和空气的定义：大气是指环绕地球的全部空气的总和；环境空气是指人类、植物、动物和建筑物暴露于其中的室外空气。可见，"大气"和"空气"是作为同义词使用的，其区别仅在于"大气"所指的范围更大些，"空气"所指的范围相对小些。

由于受地心引力的作用，大气的主要质量集中在下部，其质量的50％集中在距地表5km以下的范围，75％集中于10km以下的范围，90％集中于30km以下的范围。大气在垂直方向上的物理性质有显著的差异，根据温度、成分、荷电等物理性质的差异，同时考虑大气的垂直运动状况，可将大气分为四层，即对流层、平流层、中间层、增温层，如图3-1所示。

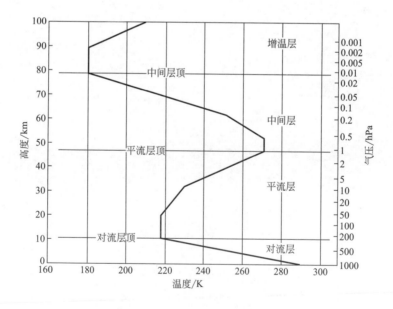

图 3-1 大气圈垂直温度剖面图

(摘自汤懋苍. 理论气候学概论. 北京：气象出版社，1989)

大气环境是指生物赖以生存的空气的物理、化学和生物学特性。物理特性主要包括空气的温度、湿地、风度、气压和降水，这一切均由太阳辐射这一原动力引起。化学特性则主要为空气的化学组成：大气对流层中排出的氮气、氧气、氩气 3 种气体占 99.96％，二氧化碳约占 0.03％，还有一些微量杂质及含量变化较大的水汽。人类生活或农业生产排出的氨、二氧化硫、一氧化硫、一氧化碳、氮氧化物与氟化物等有害气体可改变原有空气的组成，并引起污染，造成全球气候变化，破坏生态平衡。

# 3.1 臭氧空洞

臭氧层破坏是当前我们面临的三大全球性环境问题之一。对人类身体健康与生物生长有直接影响，因此受到世界各国的极大关注。

地球大气中的臭氧（$O_3$）是三个原子氧，是普通氧气的"同胞兄弟"。地球上的臭氧并不像氧气、氮气那样比较均匀地分布在大气中，地球上 90％的臭氧气体集中分布在离地球表面 $10\sim50km$ 高度的平流层。其浓度从未超过十万分之一，全部集中起来也只是比鞋底还要薄的一层。但是它有效地吸收了对生物有害的，波长小于 295nm 的太阳紫外线 UV-C；而对生物无害的，波长小于 320nm 的太阳紫外线 UV-A 臭氧层却让它们全部通过；对生物有一定危害，波长在 $295\sim320nm$ 的太阳紫外线 UV-B 大部分也被臭氧层吸收。正由于臭氧层这道天然屏障，地球上人类与生物才能够正常生长与世代繁衍。

由于工业发展，人类越来越广泛地使用性质比较稳定、不易燃烧、易于贮存、价格又比较便宜的氯氟烃类物质来作制冷剂（约占 30％）、喷雾剂（约占 25％）、发泡剂（约占 25％）及清洗剂（约占 20％）。与其性质相似的卤族化合物，被用来作为特殊消防灭火剂。这些物质在大气中可长期存在：CFC-11 存留周期平均为 74 年，CFC-12 为 111 年，CFC-113 为 90 年，哈龙-1301 为 110 年。它们上升到平流层后，在强烈的太阳紫外线 UV-C 作用下，释放氯原子，氯原子可从臭氧分子中夺取一个氧原子，使臭氧变为普通的氧分子，而生成的一氧化氯很不稳定，与一个氧原子结合，氯原子再次游离出来，又重复上述反应。这个过程可重复上千次，从而，一个氯原子可使许多个臭氧分子遭到破坏。

## 3.1.1 案例：臭氧层空洞

（1）事件描述

20 世纪 70 年代，当时英国的科学家通过观测首先发现，在地球南极上空的大气层中，臭氧的含量开始逐渐减少，尤其在每年的 9～10 月（这时相当于南半球的春季）减少更为明显。美国的"云雨 7 号"卫星进一步探测表明，臭氧减少的区域位于南极上空，呈椭圆形，1985 年已和美国整个国土面积相似。科学家把这个现象称为南极臭氧洞。南极臭氧洞的发现使人们深感不安，它表明包围在地球外的臭氧层已经处于危机之中。于是科学家在南极设立了研究中心，进一步研究臭氧层的破坏情况。1989 年，科学家又赴北极进行考察研究，结果发现北极上空的臭氧层也已遭到严重破坏，但程度比南极要轻一些。

（2）原因分析

大气平流层中，由于强烈的太阳光的作用，氧经过光化学反应后，生成臭氧。平流层中的臭氧是日光中短波紫外线的天然过滤器。如果臭氧层被破坏，强烈的紫外线将直接照射到地面上，使地球上的生物受到不同程度的伤害。

目前，臭氧层已遭到严重的破坏。科学家发现，南极上空大气中臭氧层的空洞已很大，相当于美国国土面积，深度相当于珠穆朗玛峰的高度。臭氧层的破坏使人类皮肤癌、黑色素瘤、白内障患者日渐增多。臭氧层被破坏主要是由以下原因造成的。

破坏臭氧层的商品名为氟利昂，其化学性质很稳定。它进入大气后，在低层大气中基本不分解，最终上升到平流层，在紫外线的照射下，生成一种对臭氧有破坏作用的氯原子，这种氯原子使臭氧分解为氧气。可见，臭氧层的破坏主要是人为因素造成的，为此我们应采取一些必要的保护臭氧层的措施，如控制氟利昂的产量，研究替代氟利昂的制冷剂，减少人为向大气中排放氮的氧化物和有机化合物等。

（3）影响分析

由于臭氧层中臭氧的减少，照射到地面的太阳光紫外线增强，紫外线对生物细胞具有很强的杀伤作用，对生物圈中的生态系统和各种生物（包括人类）都会造成不利的影响。臭氧层破坏以后，人体直接暴露于紫外辐射的机会大大增加，这将不利于人体健康。紫外辐射增强使患呼吸系统传染病的人增加；受到过多的紫外线照射还会增加皮肤癌和白内障的发病率。据报道，近年来许多国家患皮肤癌的人数有显著的上升。此外，强烈的紫外辐射还会促使皮肤老化。臭氧层破坏对植物有难以确定的影响。近十几年来，人们对多个品种的植物进行了增加紫外照射的实验，其中 2/3 的植物显示出敏感性，尤其是大米、小麦、棉花、大豆、水果和洋白菜等人类经常食用的作物。一般来说，紫外辐射增加使植物的叶片变小，因而减少了俘获阳光的有效面积，对光合作用产生影响，导致农作物减产。对大豆研究的初步结果表明，紫外辐射会使其更易受杂草和病虫害的损害，臭氧层厚度减少，可使大豆减产。紫外辐射的增加对水生生态系统也有潜在的危险。紫外辐射可以杀死单细胞海洋浮游生物。实验表明，臭氧减少 4%，紫外线增加 4%，将会杀死鳗鱼苗。紫外线增强还会使城市内的光化学烟雾加剧，使橡胶、塑料等有机材料加速老化，使油漆褪色等。

（4）对策分析

在国际社会的共同努力下，多国签署《保护臭氧层维也纳公约》，为进一步落实"公约"，人们又制定了《关于消耗臭氧层物质的蒙特利尔议定书》，对破坏臭氧层的化学物质提出了削减使用的时间限制，之后又对"议定书"进行了三次修正。

（5）类似案例

现在居住在南极洲较近的智利南端海伦娜岬角的居民，已经尝到苦头，只要走出家门，人们就要戴上太阳眼镜，在衣服遮不住的肤面上涂防晒油，否则半小时后，皮肤就晒成鲜艳的粉红色，并伴有痒痛。当地羊群则多患白内障，几乎全盲；据说那里的很多兔子眼睛失明，猎人可以轻易地拎起兔子耳朵带回家去；河里捕到的鲜鱼也都是盲鱼。

## 3.1.2 教学活动

（1）臭氧作用

大气臭氧层主要有三个作用。其一为保护作用，臭氧层能够吸收太阳光，阻挡其中波长在 306.3nm 以下的紫外线，主要是一部分 UV-B（波长 290～300nm）和全部的 UV-C（波长 100～280nm），保护地球上的人类和动植物免遭短波紫外线的伤害。只有长波紫外线 UV-A 和少量的中波紫外线 UV-B 能够辐射到地面，长波紫外线对生物细胞的伤害要比中波紫外线轻微得多。所以臭氧层犹如一把保护伞，使地球上的生物得以生存繁衍。其二为加热作用，臭氧吸收太阳光中的紫外线并将其转换为热能加热大气。这种作用使大气在高度 50km 左右有一个温度高峰，地球上空 15～50km 存在着升温层。正是由于存在着臭氧，地球才有平流层的存在。而地球以外的星球因不存在臭氧和氧气，所以也就不存在平流层。大气的温度结构对于大气的循环具有重要作用。其三为温室气体的作用，在对流层上部和平流层底部，即在气温很低的这一高度，臭氧的作用同样非常重要。如果这一高度的臭氧减少，则会造成地面气温下降。因此，臭氧的高度分布及变化是极其重要的。

（2）臭氧破坏原因分析

① 当氯氟烃飘浮在空气中时，由于受到阳光中紫外线的影响，开始分解，释放出氯原子。

② 这些氯原子的活性极大，常与其他物质结合。因此当它遇到臭氧的时候，便开始发生化学变化。

③ 臭氧被迫分解成一个氧原子（O）及一个氧分子（$O_2$），而氯原子就与氧原子相结合。

④ 当其他的氧原子遇到这个氯氧化合的分子，就又把氧原子抢回来，组成一个氧分子（$O_2$），而恢复成单身的氯原子就又可以去破坏其他的臭氧了。

（3）臭氧层破坏的影响

臭氧层被大量损耗后，吸收紫外辐射的能力大大减弱，导致到达地球表面的UV-B明显增加，给人类健康和生态环境带来多方面的危害，已受到人们普遍关注的影响主要有对人体健康、陆生植物、水生生态系统、生物化学循环、材料，以及对流层大气组成和空气质量等方面的损害。

① 对人体健康的影响。阳光紫外线 UV-B 的增加对人类健康有严重的危害作用。潜在的危险包括引发和加剧眼部疾病、皮肤癌和传染性疾病。对有些危险如皮肤癌已有定量的评价，但其他影响如传染病等仍存在很大的不确定性。实验证明，紫外线会损伤角膜和眼晶体，如引起白内障、使眼球晶体变形等。据分析，平流层臭氧减少 1%，全球白内障的发病率将增加 0.6%～0.8%，全世界由于白内障而引起失明的人数将增加 10000～15000 人；如果不对紫外线的增加采取措施，到 2075年，UV-B 辐射的增加将导致大约 1800 万白内障病例的发生。

紫外线 UV-B 段的增加能明显地诱发人类常患的三种皮肤疾病。这三种皮肤疾病中，巴塞尔皮肤瘤和鳞状皮肤瘤是非恶性的。利用动物实验和人类流行病学的数据资料得到的最新的研究结果显示，若臭氧浓度下降 10%，非恶性皮肤瘤的发病率将会增加 26%。另外一种恶性黑瘤是非常危险的皮肤病，科学研究也揭示了UV-B 段紫外线与恶性黑瘤发病率的内在联系，这种危害对浅肤色的人群特别是儿童尤为严重。

人体免疫系统中的一部分存在于皮肤内，使得皮肤可直接接触紫外线照射。动物实验发现，紫外线照射会减少人体对皮肤癌、传染病及其他抗原体的免疫反应，进而导致对重复的外界刺激丧失免疫反应。人体研究结果也表明，暴露于 UV-B 中会抑制免疫反应，人体中的免疫反应对传染性疾病的重要性还不十分清楚。但在世界上一些传染病对人体健康影响较大的地区以及免疫功能不完善的人群中，增加的UV-B 辐射对免疫反应的抑制影响相当大。

已有研究表明，长期暴露于强紫外线的辐射下，会导致细胞内的 DNA 改变，人体免疫系统的机能减退，人体抵抗疾病的能力下降。这将使许多发展中国家本来就不好的健康状况更加恶化，许多疾病的发病率和严重程度都会增加，如麻疹、水痘、疱疹等病毒性疾病，疟疾等通过皮肤传染的寄生虫病，肺结核和麻风病等细菌感染以及真菌感染疾病等。

② 对陆生植物的影响。臭氧层损耗对陆生植物的危害机制尚不如其对人体健康的影响清楚，但研究表明，在已经研究过的陆生植物品种中，超过 50％ 有来自 UV-B 的负影响，比如豆类、瓜类等作物，另外某些作物如土豆、番茄、甜菜等的质量将会下降；陆生植物的生理和进化过程都受到 UV-B 辐射的影响，有的甚至与当前阳光中 UV-B 辐射的量有关。陆生植物具有某些缓解和修补这些影响的机制，在一定程度上可适应 UV-B 辐射的变化。但不管怎样，陆生植物的生长直接受 UV-B 辐射的影响，不同种类的陆生植物，甚至同一种类不同栽培品种的陆生植物对 UV-B 的反应都是不一样的。在农业生产中，需要种植耐受 UV-B 辐射的品种，并同时培养新品种。对森林和草地，可能会改变物种的组成，进而影响不同生态系统的生物多样性分布。

UV-B 带来的间接影响，例如陆生植物形态的改变，陆生植物各部位生物质的分配，各发育阶段的时间及二级新陈代谢等可能跟 UV-B 造成的破坏作用同样大，甚至更为严重。这些作用可能对陆生植物的竞争平衡，食草动物、陆生植物致病菌和生物地球化学循环等都有潜在影响。这方面的研究工作尚处于起步阶段。

③ 对水生生态系统的影响。世界上 30％ 以上的动物蛋白质来自海洋，可满足人类的各种需求。在许多国家，尤其是发展中国家，这一百分比往往更高。因此很有必要知道紫外辐射增加后对水生生态系统生产力的影响。此外，海洋在与全球变暖有关的问题中也具有十分重要的作用。海洋浮游植物吸收大气中二氧化碳是一条重要途径，它们对未来大气中二氧化碳浓度的变化趋势起着决定性的作用。海洋对 $CO_2$ 气体的吸收能力降低，将导致温室效应的加剧。

海洋浮游植物并非均匀分布在世界各大洋中，通常高纬度地区的密度较大。除可获取的营养物、温度、盐度和光外，在热带和亚热带地区普遍存在的阳光 UV-B 含量过高的现象也对浮游植物的地域分布起着重要作用。

浮游植物的生长局限在光照区，即水体表层有足够光照的区域，生物在光照区的分布地点受到风力和波浪等作用的影响。另外，许多浮游植物也能够自由运动以提高生产力保证其生存。暴露于阳光 UV-B 下会影响浮游植物的定向分布和移动，因而会减小这些生物的存活率。

研究人员已经测定了南极地区 UV-B 辐射及其穿透水体的量在增加，有足够证据证实，天然浮游植物群落与臭氧的变化直接相关。对臭氧洞范围内和臭氧洞以外地区的浮游植物生产力进行比较的结果表明，浮游植物生产力下降与臭氧减少造成的 UV-B 辐射增加直接有关。由于浮游生物是海洋食物链的基础，浮游生物种类和数量的减少还会影响鱼类和贝类生物的数量。据另一项科学研究的结果，如果平流层臭氧减少 25％，浮游生物的初级生产力将下降 10％，这将导致水面附近的生物减少 35％。

阳光中的 UV-B 辐射对鱼、虾、蟹、两栖动物和其他动物的早期发育阶段都有危害作用。最严重的影响是繁殖力下降和幼体发育不全。即使在现有的水平下，阳光 UV-B 已是限制因子。UV-B 辐射很少量的增加就会导致海洋生物的显著减少。尽管已有确凿的证据证明 UV-B 辐射的增加对水生生态系统是有害的，但只能对其潜在危害进行粗略的估计。

④ 对生物化学循环的影响。阳光紫外线的增加会影响陆地和水体的生物地球化学循环，从而改变地球-大气这一巨系统中一些重要物质在地球各圈层中的循环，如温室气体和对化学反应具有重要作用的其他微量气体的排放和去除过程，包括二氧化碳（$CO_2$）、一氧化碳（CO）、氧硫化碳（COS）及臭氧（$O_3$）等。这些潜在的变化将对生物圈和大气圈之间的相互作用产生影响。对陆生生态系统，增加的紫外线会改变植物的生成和分解，进而改变大气中重要气体的吸收和释放。当 UV-B 降解地表的落叶层时，这些生物质的降解过程被加速；而 UV-B 当主要作用是对生物组织的化学反应而导致埋在下面的落叶层光降解过程减慢时，降解过程被阻滞。植物的初级生产力随着 UV-B 辐射的增加而减少，但对不同物种和相同作物的不同栽培品种来说影响程度是不一样的。

在水生生态系统中阳光紫外线也有显著的作用。这些作用直接造成 UV-B 对水生生态系统中碳循环、氮循环和硫循环的影响。UV-B 对水生生态系统中碳循环的影响主要体现在其对初级生产力的抑制。在几个地区的研究结果表明，现有 UV-B 辐射的减少可使初级生产力增加，由于南极臭氧洞而导致全球 UV-B 辐射增加后，水生生态系统的初级生产力受到损害。除对初级生产力的影响外，阳光紫外线辐射还会抑制海洋表层浮游细菌的生长，从而对海洋生物地球化学循环产生重要的潜在影响。阳光紫外线促进水中的溶解有机质（DOM）的降解，使得所吸收的紫外线辐射被消耗，同时形成溶解无机碳（DIC）、CO 以及可进一步矿化或被水中微生物利用的简单有机质等。UV-B 增加对水中的氮循环也有影响，它们不仅抑制硝化细菌的作用，而且可直接光降解像硝酸盐这样的简单无机物。UV-B 对海洋中硫循环的影响可能会改变 COS 和二甲基硫（DMS）的海—气释放，这两种气体可分别在平流层和对流层中被降解为硫酸盐气溶胶。

⑤ 对材料的影响。因平流层臭氧损耗导致阳光紫外线辐射的增加会加速建筑、喷涂、包装及电线电缆等所用材料，尤其是高分子材料的降解和老化变质。特别是在高温和阳光充足的热带地区，这种破坏作用更为严重。由这一破坏作用造成的损失估计全球每年达到数十亿美元。无论是人工聚合物，还是天然聚合物以及其他材料都会受到不良影响。当这些材料尤其是塑料用于一些不得不承受日光照射的场所时，只能靠加入光稳定剂或进行表面处理以保护其不受日光破坏。阳光中 UV-B 辐射的增加会加速这些材料的光降解，从而缩短了它们的使用寿命。研究结果已证实，短波 UV-B 辐射对材料的变色和机械完整性的损失有直接的影响。

在聚合物的组成中增加现有光稳定剂的用量可能缓解上述影响，但需要满足下面三个条件：a. 在阳光的照射光谱发生了变化即 UV-B 辐射增加后，该光稳定剂仍然有效。b. 该光稳定剂自身不会随着 UV-B 辐射的增加被分解掉。c. 经济可行。利用光稳定性更好的塑料或其他材料替代现有材料是一个正在研究中的问题。然而，这些方法无疑将增加产品的成本。而对于许多正处在用塑料替代传统材料阶段的发展中国家来说，解决这一问题更为重要和迫切。

⑥ 对流层大气组成和空气质量的影响。平流层臭氧的变化对对流层的影响是一个十分复杂的科学问题。一般认为平流层臭氧的减少的一个直接结果是使到达低层大气的 UV-B 辐射增加。由于 UV-B 的高能量，这一变化将导致对流层的大气化学反应更加活跃。首先，在污染地区如工业和人口稠密的城市，即氮氧化物浓度较高的地区，UV-B 的增加会促进对流层臭氧和其他相关的氧化剂如过氧化氢（$H_2O_2$）等的生成，使得一些城市地区臭氧超标率大大增加。而与这些氧化剂的直接接触会对人体健康、陆生植物和室外材料等产生各种不良影响。在那些较偏远的地区，即 $NO_x$ 的浓度较低的地区，臭氧的增加较少甚至还可能出现臭氧减少的情况。但不论是污染较严重的地区还是清洁地区，$H_2O_2$ 和 ·OH 等氧化剂的浓度都会增加。其中 $H_2O_2$ 浓度的变化可能会对酸沉降的地理分布带来影响，结果是污染向郊区蔓延，清洁地区的面积越来越少。

其次，对流层中一些控制着大气化学反应活性的重要微量气体的光解速率将提高，其直接的结果是导致大气中重要自由基浓度如羟基的增加。羟基自由基浓度的增加意味着整个大气氧化能力的增强。由于羟基自由基浓度的增加会使甲烷和 CFCs 替代物如 HCFCs 和 HFCs 的浓度成比例地下降，从而对这些温室气体的气候效应产生影响。

而且，对流层反应活性的增加还会导致颗粒物生成的变化，例如云的凝结核，由来自人为源和天然源的硫（如氧硫化碳和二甲基硫）的氧化和凝聚形成。尽管人们对这些过程了解得还不十分清楚，但平流层臭氧的减少与对流层大气化学及气候变化之间复杂的相互关系正逐步被揭示。

（4）保护方法

爱护臭氧层的消费者购买带有"无氯氟烃"标志的产品；爱护臭氧层的一家之主合理处理废旧冰箱和电器，在废弃电器之前，除去其中的氯氟烃制冷剂；爱护臭氧层的农民不用含甲基溴的杀虫剂，在有关部门的帮助下，选用适合的替代品，如果还没有使用甲基溴杀虫剂就不要开始使用它；爱护臭氧层的制冷维修师确保维护期间从空调、冰箱或冷柜中回收的冷却剂不会释放到大气中，做好常规检查和修理泄漏的工作；爱护臭氧层的办公室员工鉴定公司现有设备如空调、清洗剂、灭火剂、涂改液、海绵垫中那些使用了消耗臭氧层的物质，并制订适当的计划，淘汰它们，用替换物品换掉它们；爱护臭氧层的公司替换在办公室和生产过程中所用的消耗臭氧层的物质，如果生产的产品含有消耗臭氧层的物质，那么应该用替代物来改变产品的成分；爱护臭氧层的教师，教导学生，引导家人、朋友、同事、邻居保护环境、保护臭氧层，让大家了解哪些是消耗臭氧层物质。

有了科学的方法，再加上人们的实际行动，在不远的将来，我们将拥有一片美丽而完整的蓝天。

## 3.1.3 知识要点

① 大气结构、大气组成及其特征；大气污染、大气污染源、大气污染物。

② 光化反应基础，氮氧化合物化学转化，硫氧化合物转化，光化学烟雾，酸性降水。

③ 臭氧层是指大气层的平流层中臭氧浓度相对较高的部分，其主要作用是吸收短波紫外线。大气层的臭氧主要以紫外线分解双原子的氧气，把它分为两个原子，然后每个原子和没有分裂的氧合并成臭氧。臭氧分子不稳定，紫外线照射之后又分解为氧气分子和氧原子，形成一个持续的过程：臭氧—氧气循环，如此产生臭氧层。自然界中的臭氧层大多分布在离地 20～50km 的高空。臭氧层中的臭氧主要是由紫外线照射制造的。

④ 臭氧空洞。英国南极探险队从 1997 年开始观察南极上空以来，每年都在9～11 月发现臭氧层空洞，这个发现引起举世震惊。联合国相关组织为防止臭氧层空洞进一步扩大，决定成立保护臭氧层工作组，并制定出保护臭氧层的议定书，主要内容包括：列出了破坏臭氧层的物质的种类；规定了排放破坏臭氧层的物质的限

额基准；确定了限制排放破坏臭氧层的物质的最后时间；确定了评估机制，规定从1990 年起至少每 4 年对制定的措施进行一次评估。

⑤ 大气的概念、大气环境的概念。

⑥ 大气污染的概念。

⑦ 臭氧的分布情况及作用。

⑧ 臭氧空洞形成的机理。

⑨ 臭氧破坏对环境的影响。

## 3.2　温室效应

太阳发出的短波辐射透过大气层到达地面，使地表温度上升，并发出长波辐射，大气中的 $CO_2$ 和 $H_2O$ 等微量气体对太阳短波吸收很弱，而对地面发射的长波辐射吸收很强，从而使散失到大气层以外的热量相对减少，地球表面的温度得以维持，大气这种对地表热辐射遮挡保温的作用类似玻璃温室中玻璃具有的作用，所以被称为温室效应。

温室效应问题是 21 世纪人类所面临的一个重大挑战，温室效应的增强对人类产生了巨大的影响。全球的气候系统是一个变化着的复杂系统，能引起变化的因子颇多。对于造成温室效应的原因已有不少学者进行了相关方面的研究。一些学者认为温室效应是地球大气自身调节的结果，主要包括海洋、陆地、火山活动、太阳活动等。但更多的学者将造成温室效应的原因归结为人为因素，其原因包括：温室气体的大量排放、城市人为废热的排放、生态环境的破坏、地表状况的改变等。

表 3-1 列出了受人类活动影响的主要温室气体最近 200 年来的变化情况。除了 $CO_2$ 外，其他温室气体在大气中总的含量甚微，所以称为微量气体。但它们的温室效应极强，而且年增量大，在大气中的衰变时间长，对"地球-大气"系统的辐射能收支和能量平衡起着重要作用。

表 3-1　受人类活动影响的主要温室气体最近 200 年来的变化情况

| 温室气体 | 工业化之前的浓度<br>（1750～1800 年） | 现在浓度 | 大气年均累计率 | 大气中的衰变<br>时间/年 |
|---|---|---|---|---|
| $CO_2$ | $280 \times 10^{-6}$ | $385.2 \times 10^{-6}$<br>（2008 年） | $1.5 \times 10^{-6}$ | 50～200 |
| $CH_4$ | $715 \times 10^{-9}$ | $1797 \times 10^{-9}$<br>（2008 年） | $7.0 \times 10^{-9}$ | 12 |

续表

| 温室气体 | 工业化之前的浓度<br>（1750~1800 年） | 现在浓度 | 大气年均累计率 | 大气中的衰变<br>时间/年 |
|---|---|---|---|---|
| $N_2O$ | $270 \times 10^{-9}$ | $321.8 \times 10^{-9}$<br>（2008 年） | $0.8 \times 10^{-9}$ | 114 |
| CFC-11 | 0 | $256 \times 10^{-12}$<br>（2003 年） | $-1.4 \times 10^{-12}$ | 45 |
| CFC-12 | 0 | $538 \times 10^{-12}$<br>（2003 年） | $4.4 \times 10^{-12}$ | 100 |
| HCFC-22 | 0 | $157 \times 10^{-12}$<br>（2003 年） | $0.55 \times 10^{-12}$ | 12 |
| $CF_4$ | $40 \times 10^{-12}$ | $76 \times 10^{-12}$（2003 年） | $1 \times 10^{-12}$ | ＞50000 |

资料来源：IPCC/TEAP（2005）；IPCC（2007）；WMO（2009）。

### 3.2.1 案例：利马气候大会

（1）事件描述

2014 年 12 月 1 日，《联合国气候变化框架公约》第 20 次缔约方会议暨《京都议定书》第 10 次缔约方会议在秘鲁首都利马开幕。此次大会的主要目标之一是为预计 2015 年年底达成的新协议确定若干要素，这些要素涉及减缓和适应气候变化、资金支持、技术转让、能力建设等方面。

（2）原因分析

随着北极海冰的融化，北极航道逐渐开通，其潜藏的战略价值和蕴含的丰富原油、天然气已经引起了各种国际力量的关注和激烈争夺。然而，正是燃烧化石能源排放的大量温室气体使全球变暖，使北极熊失去了赖以生存的家园。化石能源燃烧带来的净热量流动是全球变暖的根本原因。也正是净热量流动引导着未来全球气候变化的进程。根据计算，到 2050 年，全球人口将增加至 91 亿，平均每年能源需求将增长 22TW。在之后的 30 多年间，如果全世界继续依赖化石能源，那意味着每年将要新建 750 座大型化石燃料火力发电厂；如果转向核能，那么每年将有 400 个核电站投入运行。此次国际气候谈判上，讨论主要围绕各国应怎样为减少温室气体的排放做出努力，这对实现 2015 年巴黎气候大会的目标具有决定性意义。

（3）影响分析

气候转变，全球变暖。人类活动使温室效应日益加剧，以至于影响气候。自工业革命以来，资源与能源大量消耗，特别是煤、石油、天然气等物质的燃烧导致

$CO_2$ 含量增加。目前全球平均温度比 1000 年前上升了 $0.3 \sim 0.6℃$。而在此前一万年间，地球的平均温度变化不超过 $2℃$。联合国机构还预测，由于能源需求不断增加，到 2050 年，全球平均气温将上升 $1.5 \sim 4.5℃$。

（4）对策分析

控制温室效应，保护湿地，减缓全球气候变暖，是世界各国面临的重大课题。控制大气中 $CO_2$ 的排放量，减缓全球气候变暖的根本对策是全球参与控制大气中 $CO_2$ 的排放量。因此，在国际上应达成共识，即从政治上和技术上控制 $CO_2$ 的排放量。同时，采取法律手段，制定各种旨在限制 $CO_2$ 排放的政府性和国际性的规定，签订各种国际公约。如 1992 年在巴西召开的联合国发展和环境大会确定的《联合国气候变化框架公约》，要求占全球 $CO_2$ 排放总量 $80\%$ 的发达国家到 2000 年将其 $CO_2$ 排放量降至 1990 年的水平。另外采用经济手段，提高易排放 $CO_2$ 的能源的价格和对超标排放课税等。

技术上，第一，提高能源的生产效率和使用效率。采取措施促进节能技术的进一步开发及普及；扩大新能源利用的可能性；推进物质再循环；延长产品寿命；完善公共交通体系等。第二，改善能源结构。主要措施是扩大天然气、液化石油气的使用比例、开发煤层气资源。这样既可以减少甲烷排放所引起的温室气体增加，又可以替代煤炭等高含碳燃料、减少碳排放。第三，鼓励迅速发展和使用清洁能源及可再生能源。发展高效价廉、适用的脱硫、除尘、洁净煤技术，同时也需采取措施大力发展水力、风力、太阳能及核能等可再生能源。第四，停止大部分氯氟烃（CFCs）的生产并开发回收已投入使用的 CFCs，允许冰箱生产厂根据现有的技术、工艺、装备以及产供销渠道、国际合作背景等条件，选择不同替代方案。第五，减少森林砍伐，植树造林；改良农业生产方法。森林吸收 $CO_2$ 能力很强，是维持良好生态环境的根本。应加速天然林保护工程，退耕还林，发展生态农业。第六，人工吸收 $CO_2$。在一些工业过程中，可采用人工方法吸收 $CO_2$。例如，日本学者提出在吸收剂中使用沸石对火山发电中排出的 $CO_2$ 做物理式吸收，或使用化学溶剂进行化学吸收。第七，向海中施铁。美国学者提出向海中施铁，可使海生植物大量繁殖，从而达到大量吸收 $CO_2$ 的目的。

（5）类似案例

华能公司在北京高碑店发电厂开展的每年捕获 3 万吨 $CO_2$ 用于食品工业的示范项目运行良好；在上海石洞口电厂，每年捕获 10 万吨 $CO_2$ 用于食品工业的项目也开始运营。中石油在吉林油田成功完成了每天注入 $300 \sim 400t$ $CO_2$ 提高采油量的先导实验。

### 3.2.2 案例：欲十年内完全停用煤炭（丹麦）

（1）事件描述

丹麦计划把完全停用煤炭的时间从 2030 年提前到 2025 年，丹麦目前每年从俄罗斯进口 600 万吨煤炭。

丹麦因大量减低温室气体排放量而在国际上享有极高声誉，从 1990~2012 年丹麦温室气体排放量已下降 25%，是欧盟国家中下降度最高的。同时，丹麦也在减少使用高污染煤炭能源方面做出了巨大努力，如计划在 2020 年前以风力发电满足国内半数供电需要；在哥本哈根，有 41% 的人骑自行车上班上学。丹麦政府的目标是将温室气体排放量从 1990~2020 年减低 40%，达到欧盟 2030 年的目标。

（2）原因分析

引起温室气体增加的主要原因是人类活动。以二氧化碳为例，在人类社会实现工业化以前的 19 世纪初，大气中二氧化碳的浓度为 $270 \times 10^{-6}$，而到了 1988 年已上升到 $350 \times 10^{-6}$。大气中二氧化碳浓度增加的原因主要有两个：首先，由于人口的剧增和工业化的发展，人类社会消耗的化石燃料急剧增加，燃烧产生大量的二氧化碳进入大气，使大气中的二氧化碳浓度增加；其次，森林毁坏使得被植物吸收利用的二氧化碳的量减少，造成二氧化碳被消耗的速度降低，同样造成大气中二氧化碳浓度升高。二氧化碳以外的温室气体，如甲烷、氯氟烃（氟利昂）、氧化氮等也在不同程度地增加。

（3）影响分析

全球变暖有两大特征：一是地球平均温度上升；二是地球的极端气候事件如飓风、暴雨、大旱等灾害性天气发生频率增加，破坏力加剧。全球变暖并不是全球每个角落的温度都在上升，有时个别地方反而可能出现酷寒的极端情况。科学家预测，气候变化还会使海平面缓慢上升，威胁沿海地区。

燃煤排放的污染物是影响环境空气质量的重要因素。研究表明，燃煤锅炉排放的二氧化硫、氮氧化物、颗粒物分别占空气中三种主要污染物来源的 80%、60%、35%，是造成 $PM_{2.5}$ 污染的重要因素。控制燃煤质量是从源头防治燃煤大气污染的重要手段。近几年，大气污染呈现复合型污染的特征，灰霾呈现加重趋势，因此需要进一步加大燃煤污染的控制力度，进一步控制电力、供热、工业和居民生活燃用煤炭的质量。

（4）对策分析

碳循环是地球上最主要的生物地化循环，它支配着大部分陆地生态系统的物质循环，深刻影响着人类赖以生存的生物圈。全球气候变化与碳循环动态及其反馈效应密切相关。碳循环失衡，改变了地球生物圈的能量转换形式。

全球气候变暖的应对措施有以下几种。

① 禁用氯氟烃。实际上全球正在朝此方向推动努力，此方案最具有实现的可能性。

② 保护森林的对策方案。以热带雨林为主的全球森林，遭到了人为持续不断的急剧破坏。有效的对策便是停止毫无节制的森林破坏，另外实施大规模造林，努力促进森林再生。

③ 汽车使用燃料状况的改善，减少化石燃料的消耗。

④ 改善其他各种场合的能源使用效率。

⑤ 对化石燃料的生产与消费，依比例课税。这样可以促使生产厂商及消费者在使用能源时有所警惕，避免造成无谓的浪费。

⑥ 鼓励使用天然气作为当前的主要能源。

⑦ 汽机车的排气限制。由于汽机车的排气中，含有大量的氮氧化物与一氧化碳，控制温室气体对策还包含减少其排放量。这种做法虽然无法达到直接削减二氧化碳的目的，但却能够达到抑制臭氧和甲烷等其他温室效应气体的效果。

⑧ 鼓励使用太阳能。譬如推动"阳光计划"之类的活动。这方面的努力能使化石燃料用量相对减少，因此对于降低温室效应有直接效果。

⑨ 开发替代能源。利用生物能源作为新的干净能源。亦即利用植物经光合作用制造出来的有机物充当燃料，借以取代石油等既有的高污染性能源。燃烧生物能源也会产生二氧化碳，这点固然是和化石燃料相同，不过生物能源是从大自然中不断吸取二氧化碳作为原料，故可成为重复循环的再生能源，达到抑制二氧化碳浓度增长的效果。

（5）类似案例

大气层中存在多种温室气体，包括二氧化碳、甲烷、氧化亚氮、全氟化碳、六氟化硫等。瑞典科学家在1896年发现，大气层中的温室气体有一种特殊作用，能够使太阳能量通过短波辐射达到地球，而地球以长波辐射形式向外散发的能量却无法透过温室气体层，这种现象被称为"温室效应"。

### 3.2.3　教学活动

（1）温室气体种类

温室气体占大气层气体总量不足1%。其总浓度是各"源"和"汇"达到平衡的结果。人类的活动可直接影响各种温室气体的"源"和"汇",因此改变了温室气体的浓度。

大气层中主要的温室气体有二氧化碳（$CO_2$）、甲烷（$CH_4$）、一氧化二氮（$N_2O$）、臭氧（$O_3$）、一氧化碳（CO）、氯氟烃（CFCs）及二氧化硫（$SO_2$）。大气层中的水汽（$H_2O$）虽然是造成"天然温室效应"的主要原因,但普遍认为它的浓度并不直接受人类活动的影响。表 3-2 显示了一些温室气体的特性。

表 3-2　几种主要温室气体的特性

| 温室气体 | 源 | 汇 | 对气候的影响 |
| --- | --- | --- | --- |
| 二氧化碳($CO_2$) | (1)燃料;(2)改变土地的使用(砍伐森林) | (1)被海洋吸收;(2)植物的光合作用 | 吸收红外线辐射,影响大气平流层中 $O_3$ 的浓度 |
| 甲烷($CH_4$) | (1)生物体的燃烧;(2)肠道发酵作用;(3)水稻 | (1)和 ·OH 起化学作用;(2)被土壤内的微生物吸取 | 吸收红外线辐射,影响对流层中 $O_3$ 及 OH 自由基的浓度,影响平流层中 $O_3$ 和 $H_2O$ 的浓度,产生 $CO_2$ |
| 一氧化二氮 ($N_2O$) | (1)生物体的燃烧;(2)燃料;(3)化肥 | (1)被土壤吸取;(2)在大气平流层中被光线分解以及和氧起化学作用 | 吸收红外线辐射,影响大气平流层中 $O_3$ 的浓度 |
| 臭氧($O_3$) | 光线令 $O_2$ 产生光化作用 | 与 $NO_x$、$ClO_x$ 及 $HO_x$ 等的催化反应 | 吸收紫外线及红外线辐射 |
| 一氧化碳(CO) | (1)植物释放;(2)人工排放(交通运输和工业) | (1)被土壤吸取;(2)和 ·OH 起化学作用 | 影响平流层中 $O_3$ 和 ·OH 的循环,生成 $CO_2$ |
| 氯氟烃(CFCs) | 工业生产 | 在对流层中不易被分解,但在平流层中会被光线分解以及跟氧发生化学作用 | 吸收红外线辐射,影响平流层中 $O_3$ 的浓度 |
| 二氧化硫($SO_2$) | (1)火山活动;(2)煤及生物体的燃烧 | (1)干沉降和湿沉降;(2)与 ·OH 发生化学作用 | 形成悬浮粒子而散射太阳辐射 |

（2）全球变暖潜能（global warming potential）

各种温室气体对地球的能量平衡有不同程度的影响。为了帮助决策者量度各种温室气体对地球变暖的影响,"跨政府气候转变委员会"（Intergovernmental Panel on Climate Change,IPCC）在 1990 年的报告中引入"全球变暖潜能"的概念。"全球变暖潜能"反映温室气体的相对强度,其定义是指某一单位质量的温室气体在一定时间内相对于 $CO_2$ 累积辐射的能力。表 3-3 列出"跨政府气候转变委员会"报告内一些温室气体的"全球变暖潜能"。对气候转变的影响来说,"全球变暖潜能"的指数已考虑到各温室气体在大气层中的存留时间及其吸收辐射的能力。在计算"全球变暖潜能"的时候,需要明了各温室气体在大气层中的演变情况和它们在大气层的余量所产生的辐射力。因此，"全球变暖潜能"含有一些不确定因素，以 $CO_2$ 为相对比较，一般约为 $\pm 35\%$。

辐射力的定义是由于太阳或红外线辐射分量的转变而导致对流层顶部的平均辐射改变。辐射力影响了地球吸收和释放辐射的平衡。正值的辐射力会使地球表面变暖，负值的辐射力使地球表面变凉。

表 3-3　各种温室气体的"全球变暖潜能"

| 温室气体 | | 留存期/年 | 全球变暖潜能 | | |
|---|---|---|---|---|---|
| | | | 20 年 | 100 年 | 500 年 |
| 二氧化碳($CO_2$) | | 未能确定 | 1 | 1 | 1 |
| 甲烷($CH_4$) | | 12 | 62 | 23 | 7 |
| 一氧化二氮($N_2O$) | | 114 | 275 | 296 | 156 |
| 氯氟烃(CFCs) | | — | — | — | — |
| ① | $CFCl_3$(CFC-11) | 45 | 6300 | 4600 | 1600 |
| ② | $CF_2Cl_2$(CFC-12) | 100 | 10200 | 10600 | 5200 |
| ③ | $CClF_3$(CFC-13) | 640 | 10000 | 14000 | 16300 |
| ④ | $C_2F_3Cl_3$(CFC-113) | 85 | 6100 | 6000 | 2700 |
| ⑤ | $C_2F_4Cl_2$(CFC-114) | 300 | 7500 | 9800 | 8700 |
| ⑥ | $C_2F_5Cl$(CFC-115) | 1700 | 4900 | 7200 | 9900 |

（3）温室效应的相关特点

温室有两个特点：①室内温度高，②不散热。

生活中我们可以见到的玻璃育花房和蔬菜大棚就是典型的温室。使用玻璃或透明塑料薄膜来作温室，是让太阳光能够直接照射进温室，加热室内空气，而玻璃或透明塑料薄膜又可以不让室内的热空气向外散发，使室内的温度保持高于外界的状态，以提供有利于植物快速生长的条件。之所以称这一效应为温室效应，亦与此原理有关。

（4）温室效应的主要影响

① 气候影响。温室气体可有效地吸收地球表面、大气本身相同气体和云所发射出的红外辐射。大气辐射向所有方向发射，包括向下方的地球表面放射。温室气体则将热量捕获于地面-对流层系统之内。这被称为"自然温室效应"。大气辐射与其气体排放的温度水平强烈耦合。在对流层中，温度一般随高度的增加而降低。从某一高度射向空间的红外辐射一般产生于平均温度在 $-19℃$ 的高度，并通过太阳辐射的收入来平衡，从而使地球表面的平均温度能保持在 $14℃$。温室气体浓度的增

加导致大气对红外辐射不透明性能力的增强，从而引起由温度较低、高度较高处向空间发射有效辐射。这就造成了一种辐射强迫，这种不平衡只能通过地面-对流层系统温度的升高来补偿。这就是"增强的温室效应"。如果大气不存在这种效应，那么地表温度将会下降约33℃或更多。反之，若温室效应不断加剧，全球温度也必将逐年持续升高。

19世纪以来，在美国威斯康星州和日本等各地方记录下来的湖面结冰和融化的时间变化为全球变暖提供了进一步的证据。从1880～1998年这119年的资料看，全球变暖的趋势仅0.53℃/100a。在1946～1995年这些湖泊的结冰时间晚了9.5d，而融化时间提早了8.6d，在这一期间，平均气温上升了1.8℃。气候变暖主要发生在20世纪20～40年代以及70年代中期以来的两个时期。进入80年代后全球温度的上升有加速的趋势，90年代后的1990年、1995年、1997年和1998年全球平均温度数次创历史最高纪录。一般而言，全球变暖呈现较大的区域差异，高纬度地区的增温大于低纬度地区，陆地变暖比海洋明显。尽管对增温幅度的预测不尽相同，但可以肯定的是未来全球气温将是不断升高的。

② 环境影响

a. 地球变暖。温室气体浓度的增加会减少红外线辐射到外太空的量，地球的气候因此需要转变，使吸取和释放辐射的分量达至新的平衡。转变包括"全球性"的地球表面及大气低层变暖，因为这样可以将过剩的辐射排放出去地球表面温度的少许上升可能会引发其他的变动，例如大气层云量及环流的转变。当中某些转变可使地面变暖加剧（正反馈），某些则可令变暖过程减慢（负反馈）。利用复杂的气候模型，"跨政府气候转变委员会"在第三份评估报告中估计全球的地面平均气温会在2100年上升1.4～5.8℃。预计中已考虑到大气层中悬浮粒子对地球气候降温的效应以及海洋吸收热能的作用（海洋有较大的热容量）。但是，还有很多未确定的因素会影响这个推算结果，例如：未来温室气体排放量的多少、对气候转变的各种反馈过程和海洋吸热的幅度等。

b. 地球上的病虫害增加。温室效应可使史前致命病毒威胁人类，美国科学家发出警告，由于全球气温上升令北极冰层融化，被冰封十几万年的史前致命病毒可能会重见天日，人类生存受到严重威胁。

纽约锡拉丘兹大学的科学家在《科学家杂志》中指出，早前他们发现一种植物病毒ToMV，由于该病毒在大气中广泛扩散，推断在北极冰层也有其踪迹。于是研究员从格陵兰抽取了4块年龄在500年～14万年的冰块，结果在冰层中发现ToMV病毒（Tomato masaic virus，番茄花叶病毒）。研究员指出该病毒表层被坚固的蛋白质包围，因此可在逆境生存。

这项发现令研究员相信，一系列的流行性感冒、小儿麻痹症和天花等疫症病毒可能藏在冰块深处，人类对这些原始病毒尚无抵抗能力，当全球气温上升令冰层融化时，这些埋藏在冰层千年或更长时间的病毒便可能会复活。科学家表示，虽然他们不知道这些病毒的生存希望，或者其再次适应地面环境的机会，但也不能抹杀病毒卷土重来的可能性。

c. 海平面上升。假若"全球变暖"正在发生，有两种过程会导致海平面升高。第一种是海水受热膨胀令水平面上升。第二种是冰川和格陵兰岛及南极洲上的冰块融化使海洋水分增加。预计 1900～2100 年地球的平均海平面上升幅度为0.09～0.88m。

全球暖化使南北极的冰层迅速融化，海平面上升对岛屿国家和沿海低洼地区带来的灾害是显而易见的，突出的问题是淹没土地，侵蚀海岸。全世界岛屿国家有40 多个，大多分布在太平洋和加勒比海地区，地理面积总和约为 77 万平方千米，人口总和约为 4300 万。依据《联合国海洋法公约》有关规定，这些岛国将负责管理占地球表面 1/5 的海洋环境，其重要战略地位是不言而喻的。尽管这些岛国人均国内生产总值普遍较高，但极易遭受海洋灾害毁灭性的打击，特别是全球气候变暖海平面上升的威胁，很多岛国的国土仅在海平面以上几米，有的甚至在海平面以下，靠海堤围护国土，海平面上升将使这些国家面临被淹没的危险。

沿海区域是各国经济社会发展最迅速的地区，也是世界人口最集中的地区，约占全世界 60% 以上的人口生活在这里。各洲的海岸线约有 35 万千米，其中近万千米为城镇海岸线，海平面上升时这些地区将是首当其冲的重灾区。据有关研究结果表明，当海平面上升 1m，一些世界级大城市，如纽约、伦敦、威尼斯、曼谷、悉尼等将面临被浸没的灾难；而一些人口集中的河口三角洲地区更是最大的受灾区，特别是印度和孟加拉国间的恒河三角洲、越南和柬埔寨间的湄公河三角洲等。据估算，当海平面上升 1m 时，我国沿海将有 12 万平方千米土地被淹，7000 万人口需要内迁；孟加拉国将失去现有土地的 12%，占总量 1/10 的人口需要迁走；占世界海岸线 15% 的印度尼西亚，将有 40% 的国土受灾；而工业比较集中的北美和欧洲一些沿海城市也难幸免。

d. 土地沙漠化。土地沙漠化是一个全球性的环境问题。据联合国环境规划署（UNEP）调查，在撒哈拉沙漠的南部，沙漠每年大约向外扩展 150 万公顷。全世界每年有 600 万公顷的土地发生沙漠化。每年给农业生产造成的损失达 260 亿美元。1968～1984 年，非洲撒哈拉沙漠的南缘地区发生了震惊世界的持续 17 年的大旱，给这些国家造成了巨大的经济损失和灾难，死亡人数达 200 多万。沙漠化使生物界的生存空间不断缩小，已引起科学界和各国政府的高度重视。

e. 缺氧。温室气体的摩尔质量都大于氧气，如果世界各国把地球内部所有的能量都开采出来使用，地球上最终的环境状态将跟地球在 10 亿年以前的情况差不多，到时候不光是野生动物呼吸不到氧气，连人类也是无法生存的。

f. 新的冰川期来临。全球暖化还有个非常严重的后果，就是导致冰川期来临。南极冰盖的融化导致大量淡水注入海洋，海水浓度降低。"大洋输送带"因此逐渐停止：暖流不能到达寒冷海域；寒流不能到达温暖海域。全球温度降低，有可能导致另一个冰河时代来临。

（5）温室效应主要对策

① 加强低碳技术创新：开发出廉价、清洁、高效和低排放的世界级能源技术，将发展低碳发电站技术作为减少二氧化碳排放的关键。

② 发展可再生能源与新型清洁能源：降碳的重要举措是发展风能与生物质能，把可再生能源技术的研究开发和示范放在首位。

③ 实施严格的能耗效率管制：发展低碳经济的国家，大多数制定了更严格的产品能耗效率标准与耗油标准，促进企业降碳。

④ 建立碳交易市场：通过市场竞争使二氧化碳排放权实现最佳配置，同时间接带动了低排放、高效能技术的开发和应用。

⑤ 建立起低碳经济的财政与税收政策：为了促进企业发展可再生能源，可推行能源一揽子计划，出台一系列推动节能和可再生能源发展的财政措施。

⑥ 激励企业从事低碳生产与经营：应对气候变化推动的低碳技术和产业的新兴与发展，将成为未来经济发展的大趋势，企业应预先认识并抓住这一全球趋势带来的重大变革与契机。

⑦ 发展低碳产业群：低碳技术是低碳经济发展的动力和核心，可组织力量开展有关低碳经济关键技术的科技攻关，并制定长远的发展规划，优先发展新型的、高效的低碳技术，鼓励企业积极投入低碳技术的开发、设备制造和低碳能源的生产。

### 3.2.4 知识要点

① 《京都议定书》规定了 6 种温室气体，包括二氧化碳（$CO_2$）、甲烷（$CH_4$）、氧化亚氮（$N_2O$）、氢氟烃（HFCs）、六氟化硫（$SF_6$）和全氟化碳。

② 在温室气体中，除了二氧化碳以外，其他类型的温室气体也不容忽视，除

了二氧化碳以外的温室气体统称为非二氧化碳类温室气体。这些气体包括甲烷等，主要来自垃圾场、天然气燃烧、母牛养殖、水稻种植以及煤矿开采。

③ 温室效应的概念、特点。

④ 温室气体的种类及其在全球气候变化中的作用。

⑤ 温室效应的主要影响及其表现。

## 参考文献

[1] 汤懋苍.理论气候学概论［M］.北京：气象出版社，1989.

[2] 王杨祖.保护臭氧层要有紧迫感［J］.世界环境，1989（3）：17-18.

[3] 佚名.臭氧层破坏的影响［J］.世界环境，1999（4）：6-8.

[4] 刘宏文，夏秀丽.浅析温室效应及控制对策［J］.中国环境管理干部学院学报，2008（3）：49-51.

[5] 左玉辉.环境学［M］.北京：高等教育出版社，2010.

[6] 徐世晓，赵新全，孙平，等.温室效应与全球气候变暖［J］.青海师范大学学报（自然科学版），2001（4）：43-47.

# 4　土壤环境问题案例

土壤是环境中特有的组成部分，是位于陆地表面呈连续分布，具有肥力并能生长植物的疏松层，是一个复杂的物质体系。它的组成包括固相（矿物质、有机质）、液相（土壤水分或溶液）和气相（土壤空气）三相物质。

土壤是连接自然环境中无机界与有机界、生物界与非生物界的重要枢纽。由于人类大规模的生产、生活等活动，改变了影响土壤发育的生态环境，使土壤本身受到破坏。例如人类对森林、草原等天然植被的破坏而引起的土壤侵蚀、水土流失、土地沙化和贫瘠化等，形成一系列生态破坏问题。大规模现代农业生产，大量使用化肥、农药杀虫剂等，使土壤遭受到不同程度的污染。此外，现代工业及城市化排出的废气、废水、废渣等各种污染物，经不同途径也会使土壤受到污染。

土壤原生矿物为风化过程中未改变化学组成的原始成岩矿物。土壤粗粒部分主要由原生矿物组成：长石类、辉石、角闪石、云母类、方解石、白云石、石英、赤铁矿、褐铁矿、金红石、磷灰石。常见的土壤级制见表 4-1。

表 4-1　常见的土壤级制

| 当量粒径/mm | 中国制（1987年） | 卡钦斯基制（1957年） | | 美国农业部制（1951年） | 国际制（1930年） |
|---|---|---|---|---|---|
| 2~3 | 石砾 | 石砾 | | 石砾 | 石砾 |
| 1~2 | | | | 极粗砂粒 | |
| 0.5~1 | 粗砂粒 | 物理性砂粒 | 粗砂粒 | 粗砂砾 | 粗石砾 |
| 0.25~0.5 | | | 中砂粒 | 中砂砾 | |
| 0.2~0.25 | 细砂粒 | | 细砂粒 | 细砂粒 | |
| 0.1~0.2 | | | | | |
| 0.05~0.1 | | | | 极细砂粒 | 细砂粒 |
| 0.02~0.05 | 粗粉粒 | | 粗粉粒 | 粉粒 | |
| 0.01~0.02 | | | | | 粉粒 |
| 0.005~0.01 | 中粉粒 | 物理性黏粒 | 中粉粒 | | |
| 0.002~0.05 | 细粉粒 | | 细粉粒 | | |
| 0.001~0.002 | 粗黏粒 | | | | 黏粒 |
| 0.0005~0.001 | 细黏粒 | | 黏粒　粗黏粒 | | |
| 0.0001~0.0005 | | | 细黏粒 | | |
| <0.0001 | | | 胶质黏粒 | | |

## 4.1 沙尘暴

沙尘暴（sand duststorm）是沙暴（sandstorm）和尘暴（duststorm）两者兼有的总称，是指强风把地面大量沙尘物质吹起并卷入空中，使空气特别浑浊，水平能见度小于 1km 的严重风沙天气现象。其中沙暴系指大风把大量沙粒吹入近地层所形成的挟沙风暴；尘暴则是大风把大量尘埃及其他细颗粒物卷入高空所形成的风暴。

静止的沙粒如何成为运动的沙粒是沙尘暴的起动机理问题，对这问题许多学者做了研究，主要有下面三种学说。

第一种是湍流的扩散与振动学说，这种学说认为：①沙粒脱离地表运动是气流湍流扩散作用的结果；②当风速接近起动值的时候，一些颗粒开始来回振动，且随着风速强度的加大而振动增大，随后立即脱离地表。

第二种是压差升力学说，这种学说认为：①用绕流机翼理论可以解释沙粒脱离地表的运动；②用马格努斯效应来解析沙粒脱离地表的运动；③依据贴地表层气流速度的垂直梯度说明沙粒的起动机制。

第三种是冲击碰撞学说，这种学说认为：沙粒脱离地表及进入气流中运动的主要抬升力是冲击力。拜格诺通过实验计算表明：以高速度运动的颗粒在跃移中通过冲击方式，可以推动 6 倍于它的直径（或 200 倍于它的质量）的沙粒。

我国沙尘暴有两大多发区。第一个多发区在西北地区，主要集中在三片，即塔里木盆地周边地区，吐鲁番-哈密盆地经河西走廊、宁夏平原至陕北一线和内蒙古阿拉善高原、河套平原及鄂尔多斯高原；第二个多发区在华北，赤峰、张家口一带。我国各月沙尘暴日数占全年的百分比见图 4-1。

我国沙尘暴多发主要是土地不合理开发和不合理耕作所致。随着人口的增加，西北、华北地区大量开垦土地，草原过度放牧，人为破坏自然植被，形成了大量裸露、疏松土地，为沙尘暴的发生提供了大量的沙尘源，一遇大风便形成沙尘暴。

### 4.1.1 案例：新疆巴音郭楞蒙古自治州多地遭强沙尘暴袭击

（1）事件描述

2015 年 3 月 12 日，新疆巴音郭楞蒙古自治州（以下简称巴州）轮南镇、轮台

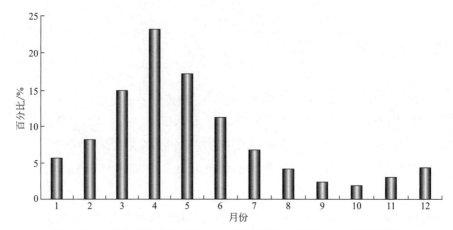

图 4-1  我国各月沙尘暴日数占全年的百分比（1961～2006 年平均）

县、尉犁县在 15 点左右相继出现不同程度的强沙尘暴天气。最为严重的是轮南镇塔里木交警辖区，库东路（伴行公路）、沙漠公路能见度仅为 5m，轮台县辖区杨霞高速路口沙尘暴较大，风力达到 8 级，能见度不到 20m，拉依苏野云沟到库尔楚收费站风力达到 7 级，沙尘不大，高速路 497～510km 伴有小雨，路面湿滑。尉犁县、且末县、若羌县辖区为大风扬沙天气，能见度在 200m 内。

（2）原因分析

新疆地处我国西北边陲，远离海洋，气候干燥，沙漠广阔，是我国沙尘暴的多发区之一，塔里木盆地是我国大陆沙尘暴活动最频繁的地区之一。新疆是一个矿产资源大区，共发现矿种 138 种，土地资源可垦荒地 700 多万公顷，其中宜农荒地有 487 万公顷，占全国宜农荒地的 13.8%。新疆气候特征是干旱，表现为光热丰富，降水稀少。从平原至山区，北疆沙尘减少，南疆增加，原因是北疆山地阴雨天多，南疆降水较少。春季是沙尘暴的高发季节，夏季次之，秋冬较少。

（3）影响分析

强沙尘暴给当地民众的生活出行带来诸多不便：许多在街头行走的民众戴上了口罩，或者用衣袖护住口鼻，防止沙尘进入嘴巴里面；由于能见度降低，街道上的汽车也减速慢行，甚至有车辆打开了车灯。

沙尘暴也使得库尔勒市出现重度污染，据新疆环保厅网站的数据显示，其 API（空气污染）指数高达 319。

（4）对策分析

① 封沙育林育草，恢复天然植被。

② 飞机播种造林种草固沙。

③ 通过植被播种、扦插、植苗造林、种草固定流沙。

④ 建立风沙区防护林体系。

（5）类似案例

1983年4月下旬，全国出现大范围大风降温天气，新疆东部和南部、青海中部、甘肃平凉、宁夏中部、内蒙古河套地区、陕西榆林发生沙尘暴。1993年5月4日夜～6日晨，受来自西西伯利亚的较强冷空气和青海湖暖低压的共同影响，我国西北发生了一次历史上罕见的特大沙尘暴天气过程，波及新疆、甘肃、宁夏、内蒙古4个省（自治区）的72个县，横扫了新疆的古尔班通古特沙漠，内蒙古的巴丹吉林、腾格里和乌布兰和沙漠及毛乌素沙地，风力6～7级，局部地区9～12级。2006年4月北京"下土"，降尘量历史罕见，由于内蒙古气旋发展强烈，空气上下对流强，把大量沙尘带到高空，顺着偏北气流到达北京上空，16日夜间悄无声息地降落下了大量的沙尘。经计算，4月16日～17日中午，北京地区总降尘量约33万吨，地面、车辆和花草上布满了尘土。

## 4.1.2 教学活动

（1）沙尘暴主要危害

沙尘暴的危害主要有两个：一是风，二是沙。风的危害也有两个：一是风力破坏，二是刮蚀地皮。

① 风力破坏。大风破坏建筑物，吹倒或拔起树木、电杆，撕毁农民塑料温室大棚和农田地膜等等。此外，由于西北地区四、五月正是瓜果、蔬菜、甜菜、棉花等经济作物出苗、生长子叶或真叶期和果树开花期，此时最不耐风吹沙打。轻者也会造成叶片蒙尘，使光合作用减弱，且影响呼吸，降低作物的产量。例如，1993年5月5日沙尘暴使西北地区8.5万株果木花蕊被打落，10.94万株防护林和用材林折断或连根拔起。此外，大风刮倒电杆造成停水停电，影响工农业生产。1993年5月5日沙尘暴造成的停电停水，仅金昌市金川公司一家就造成经济损失8300万元。

② 刮蚀地皮。大风作用于干旱地区疏松的土壤时会将表土刮去一层，叫作风蚀。例如1993年5月5日沙尘暴平均风蚀深度10cm（最多50cm），也就是每亩地平均有$60～70m^3$的肥沃表土被风刮走。大风不仅刮走土壤中细小的黏土和有机质，而且还把带来的沙子积在土壤中，使土壤肥力大为降低。此外大风夹沙粒还会把建筑物和作物表面磨去一层，叫作磨蚀，也是一种灾害。

沙的危害主要是沙埋。狭管、迎风和隆起等地形下，因为风速大，风沙危害主要是风蚀，而在背风凹洼等风速较小的地形下，风沙危害主要是沙埋。例如，1993年5月5日沙尘暴中发生沙埋的地方，沙埋厚度平均20cm，最厚处达到了1.2m。

（2）沙尘暴产生的影响

沙尘暴天气是中国西北地区和华北地区出现的强灾害性天气，可造成房屋倒塌、交通供电受阻或中断、火灾、人畜伤亡等，污染自然环境，破坏作物生长，给国民经济建设和人民生命财产安全造成严重的损失和极大的危害。沙尘暴危害主要表现在以下几方面：

① 生态环境恶化。出现沙尘暴天气时狂风裹着的沙石、浮尘到处弥漫，凡是经过的地区空气浑浊，呛鼻迷眼，患呼吸道等疾病人数增加。如1993年5月5日发生在金昌市的强沙尘暴天气，监测到的室外空气含尘量为1016mm/cm$^3$，室内为80mm/cm$^3$，超过国家规定的生活区内空气含尘量标准的40倍。

② 生产生活受影响。沙尘暴天气携带的大量沙尘蔽日遮光，天气阴沉，造成太阳辐射减少，几小时到十几个小时极低的能见度，容易使人心情沉闷，工作学习效率降低。轻者可使大量牲畜患染呼吸道或肠胃疾病，严重时将导致大量牲畜死亡，刮走农田沃土、种子和幼苗。沙尘暴还会使地表层土壤风蚀、沙漠化加剧，覆盖在植物叶面上厚厚的沙尘，影响正常的光合作用，造成作物减产。沙尘暴还使气温急剧下降，天空如同撑起了一把遮阳伞，地面处于阴影之下变得昏暗、阴冷。

③ 生命财产损失。1993年5月5日，发生在甘肃省金昌市、武威市、白银市等地的强沙尘暴天气，受灾农田253.55万亩，损失树木4.28万株，造成直接经济损失达2.36亿元，死亡85人，重伤153人。2000年4月12日，永昌市、金昌市、武威市等地出现强沙尘暴天气，据不完全统计，仅金昌市、武威市两地直接经济损失达1534万元。

④ 影响交通安全。沙尘暴天气经常影响交通安全，造成飞机不能正常起飞或降落，使汽车、火车车厢玻璃破损，造成停运或脱轨。

⑤ 危害人体健康。当人暴露于沙尘天气中时，含有各种有毒化学物质、病菌等的尘土可透过层层防护进入到口、鼻、眼、耳中。这些含有大量有害物质的尘土若得不到及时清理，将对这些器官造成损害，或病菌以这些器官为侵入点，引发各种疾病。

（3）沙尘暴形态特征

① 风沙墙耸立。我国强沙尘暴多从西北方向或西方推移过来，也有少数从东方推移过来。几乎所有的沙尘暴来临时，我们都可以看到风刮来的方向上有黑色的风沙墙快速地移动着，越来越近。远看风沙墙高耸如山，极像一道城墙，是沙尘暴到来的前锋。

② 漫天昏黑。强沙尘暴发生时由于刮起 8 级以上大风，风力非常大，能将石头和沙土卷起。随着飞到空中的沙尘越来越多，浓密的沙尘铺天盖地，遮住了阳光，使人在一段时间内看不见任何东西，就像在夜晚一样。

③ 翻滚冲腾。发生沙尘暴时，靠近地面的空气很不稳定，下面受热的空气向上升，周围的空气流过来补充，以致空气携带大量沙尘上下翻滚不息，形成无数大小不一的沙尘团，在空中交会冲腾。

④ 流光溢彩。风沙墙的上层常显黄至红色，中层呈灰黑色，下层为黑色。上层发黄发红是由于上层的沙尘稀薄，颗粒细，阳光能穿过沙尘射下来。而下层沙尘浓度大，颗粒粗，阳光几乎全被沙尘吸收或散射，所以发黑。风沙墙移过之地，天色时亮时暗，不断变化。这是由光线穿过厚薄不一、浓稀也不一的沙尘带所致。

（4）沙尘暴防治措施

① 加强环境的保护，把环境保护提到法制的高度。

② 恢复植被，加强防止沙尘暴的生物防护体系。实行依法保护和恢复林草植被，防止土地沙化进一步扩大，尽可能减少沙尘源地。

③ 根据不同地区因地制宜制定防灾、抗灾、救灾规划，积极推广各种减灾技术，并建设一批示范工程，以点带面逐步推广，进一步完善区域综合防御体系。

④ 控制人口增长，减轻人为因素对土地的压力，保护好环境。

⑤ 加强沙尘暴的发生、危害与人类活动的关系的科普宣传，使人们认识到所生活的环境一旦破坏，就很难恢复，不仅加剧沙尘暴等自然灾害的发生，还会形成恶性循环，所以人们要自觉地保护自己的生存环境。

（5）应急要点

① 及时关闭门窗，必要时可用胶条对门窗进行密封。

② 外出时要戴口罩，用纱巾蒙住头，以免沙尘侵害眼睛和呼吸道而造成损伤。应特别注意交通安全。

③ 机动车和非机动车应减速慢行，密切注意路况，谨慎驾驶。

④ 妥善安置易受沙尘暴损坏的室外物品。

### 4.1.3 知识要点

① 土壤污染的概念。

② 沙尘暴形成的原因。

③ 土壤的概念，土壤的组成，土壤粒级划分标准。

④ 沙尘暴的概念。

⑤ 沙尘暴的起动机理。

⑥ 我国沙尘暴多发的原因。

⑦ 沙尘暴的主要危害。

⑧ 土地荒漠化、水土流失和沙尘暴之间的关系。

## 4.2 流失的土壤圈

水土流失现象具有极其严重的危害。首先，它直接破坏了土壤资源。其次，流失的泥沙物质进入江河、湖泊和水库，造成大量淤积，从而给相关的地表径流带来一系列严重后果。我国北方的黄河就是这样一个典型的例子，泥沙使下游河段的部分河床高出两岸地表，称为地上悬河。此外，因长期水体流失导致的土地荒漠化，又带来了沙尘暴等其他形式的自然灾害。

根据水利部公布的全国第二次水土流失遥感调查结果显示，全国水土流失面积为 356 万平方公里，略大于国土面积的 1/3，其中水蚀面积 165 万平方公里，风蚀面积交错区水土流失面积为 26 万平方公里。我国水土流失敏感性区划表见表 4-2，外流区河流泥沙统计表见表 4-3。

表 4-2 我国水土流失敏感性区划表

| 一级 | 二级 | 三级 | 编码 |
|---|---|---|---|
| 东部水土流失常发区 | 东北丘陵区 | 松嫩平原区 | 111 |
| | | 大小兴安岭山地区 | 112 |
| | | 长白山地区 | 113 |
| | | 三江平原区 | 114 |
| | | 松辽平原区 | 115 |
| | 华北平原区 | 太行山区 | 121 |
| | | 辽西冀北山地区 | 122 |
| | | 山东丘陵区 | 123 |
| | | 黄淮海平原区 | 124 |

续表

| 一级 | 二级 | 三级 | 编码 |
|---|---|---|---|
| 东部水土流失常发区 | 黄土高原区 | 鄂尔多斯高原区 | 131 |
| | | 黄土高原北部区 | 132 |
| | | 黄土高原南部区 | 133 |
| | 南方丘陵区 | 长江中下游区 | 141 |
| | | 江南山地区 | 142 |
| | | 岭南丘陵区 | 143 |
| | | 台湾岛区 | 144 |
| | | 海南岛区 | 145 |
| | 西南山区 | 秦岭大别山鄂西山区 | 151 |
| | | 四川丘陵区 | 152 |
| | | 川西山地区 | 153 |
| | | 云贵高原区 | 154 |
| | | 横断山区 | 155 |
| 西部水土流失少发区 | 三北干旱荒漠区 | 蒙新青高原盆地区 | 211 |
| | | 内蒙古高原草原区 | 212 |
| | | 准噶尔绿洲草原荒漠区 | 213 |
| | | 阿尔泰山区 | 214 |
| | | 天山区 | 215 |
| | | 塔里木绿洲荒漠区 | 216 |
| | 青藏高寒区 | 藏北高原区 | 221 |
| | | 藏南高原区 | 222 |
| | | 青海东部及河源区 | 223 |

表 4-3 我国外流区河流泥沙统计表

| 地区 | 年含沙量/(kg/m³) | 年输沙量 | |
|---|---|---|---|
| | | 亿吨 | 占总量/% |
| 东北诸河 | 0.51 | 0.71 | 2.7 |
| 华北诸河 | 8.72 | 1.52 | 5.8 |
| 黄河(陕县) | 37.70 | 16.00 | 60.9 |
| 灌、沂、沭河 | 0.91 | 0.27 | 1.0 |
| 长江(大通) | 1.21 | 5.3 | 20.2 |
| 东南沿海诸河 | 0.18 | 0.30 | 1.1 |
| 珠江及华南诸河 | 0.28 | 0.81 | 3.1 |
| 西南诸河 | 0.78 | 1.36 | 5.2 |
| 合计 | 50.29 | 26.27 | 100.0 |

### 4.2.1 案例：黄土高原

（1）事件描述

我国的黄土高原现在是水土流失的重灾区，高原上植被稀少，沟壑纵横，流失的土壤进入黄河，使之泥沙剧增。但历史上的黄河流域并非今天的模样，几千年前，那里森林密布，气候湿润，最初的华夏文明就诞生在这一地区。此后，一方面因为自然气候的变化，降水逐渐减少；另一方面，因为过度开发，森林等地表植被迅速消失，水土流失现象日益严重。反过来，日益严重的水土流失又导致耕地或牧场的减少。长期来看，过度开发不仅不能给人类带来更多的收益，反而会造成更大的生态环境危机。目前，我国北方和南方内陆等生态系统脆弱地区普遍存在开荒和过度放牧现象，这是这些地区水土流失的主要原因。黄土高原地貌景观如图 4-2 所示。

图 4-2　黄土高原地貌景观

（2）原因分析

导致水土流失的原因有自然原因和人为原因。

自然原因主要是地形、气候（降雨）、土壤（地面组成物质）、植被等因素。①地形。地面坡度越陡，地表径流的流速越快，对土壤的冲刷侵蚀力就越强。坡面越长，汇集地表径流量越多，冲刷力也越强。②降雨。季风气候，降水集中。造成水土流失的降雨，一般是强度较大的暴雨，降雨强度超过土壤入渗强度才会产生地表（超渗）径流，造成对地表的冲刷侵蚀。③地面物质组成。土质疏松。④植被。达到一定郁闭度的林草植被有保护土壤不被侵蚀的作用。郁闭度越高，保持水土的能力越强。

人为原因主要指地表土壤加速破坏和移动的不合理的生产建设活动，以及其他人为活动，如战乱等。引发水土流失的生产建设活动主要有陡坡开荒、不合理的林木采伐、草原过度放牧、开矿、修路、采石等。

（3）影响分析

严重的水土流失，不仅给人民生产和生活带来极大的危害，同时也严重威胁着江河下游地区的安全。主要表现在以下几个方面。

① 破坏土地资源，土壤肥力下降。据统计，全国水土流失面积 356 万平方千米，占国土总面积的 38.2%。多年来全国因沟壑侵蚀、表土冲刷、水冲沙压等原因损失耕地达 260 多万公顷，平均每年损失 6 万公顷，水土流失严重的坡耕地有3330 多万公顷，每年流失土壤 50 亿吨以上，带走氮、磷、钾 4000 多万吨。

② 淤积水库，阻塞江河，破坏交通，水旱等自然灾害加剧。由于严重的水土流失，大量泥沙淤积在水库和河道，对水利设施和航运造成严重威胁，加剧了洪涝灾害的发生。新中国成立以来，全国由于水库泥沙淤积，共损失库容 200 亿立方米，黄河输入下游的泥沙每年达 16 亿吨，大量泥沙沉积在下游河床，致使河南开封段河床高出城区 8m 多，现在仍以每年 10cm 的速度向上加高，成为历史上有名的悬河。

③ 生态严重恶化，加剧区域贫困。严重的水土流失，导致自然生态平衡破坏，耕地面积不断缩小，土壤肥力衰退，土地支离破碎，自然灾害加剧，农林牧业生产量降低，阻碍人民生活水平进步提高；威胁城镇，破坏交通，淤积河床、水库、湖泊、渠道，阻塞江河，影响航运、灌溉、发电；水源污染、水质劣变，影响人民健康；江河泛滥，威胁下游地区生产建设和人民生命财产的安全，且后续性的危害将更加严重，给国民经济的发展带来沉重的包袱。

（4）对策分析

黄河水土流失的治理应本着调整土地利用结构，治理与开发相结合的原则，并努力做好：压缩农业用地，重点抓好川地、塬地、坝地、缓坡梯田的建设，充分挖掘水资源，采用现代农业技术措施，提高土地生产率，逐步建成旱涝保收、高产稳产的基本农田。应扩大林草种植面积，并不断改善天然草场的植被，超载放牧的地方应适当压缩牲畜数量，提高牲畜质量，实行轮封轮牧，复垦回填。对黄河流域水土流失的治理应充分重视可持续发展的重要性。政府应加强水土保持的宏观战略研究，提高水土保持生态建设的科技水平，科学实施小流域综合治理，坚持退耕还林还牧，推广节灌技术，调整农业结构。普通民众应增强自身的环保意识和可持续发展意识。

## 4.2.2  教学活动

（1）水土流失的类型

根据产生水土流失的"动力"，水土流失可分为水力侵蚀、重力侵蚀和风力侵蚀三种类型。

① 水力侵蚀分布最广泛，在山区、丘陵区和一切有坡度的地面，发生暴雨时都会产生水力侵蚀。它的特点是以地面的水为动力冲走土壤。例如黄河流域的水力侵蚀。

② 重力侵蚀主要分布在山区、丘陵区的沟壑和陡坡上，在陡坡和沟的两岸沟壁，其中一部分的下部被水流淘空，由于土壤及其成土母质自身的重力作用，不能继续保留在原来的位置，分散地或成片地塌落。

③ 风力侵蚀主要分布在我国西北、华北和东北的沙漠、沙地和丘陵盖沙地区，其次是东南沿海沙地，再次是河南、安徽、江苏几省的"黄泛区"（历史上由于黄河决口改道带出泥沙形成）。它的特点是风力扬起沙粒，离开原来的位置，随风飘浮到另外的地方降落。例如河西走廊、黄土高原的风力侵蚀。

另外还有冻融侵蚀、冰川侵蚀、混合侵蚀、植物侵蚀和化学侵蚀。

（2）水土流失的形成

我国是个多山国家，山地面积占国土面积的 2/3，又是世界上黄土分布最广的国家，山地丘陵和黄土地区地形起伏。黄土或松散的风化壳在缺乏植被保护的情况下极易发生侵蚀。我国大部分地区属于季风气候，降水量集中，雨季降水量常达年降水量的 60%～80%，且多暴雨。易于发生水土流失的地质地貌条件和气候条件是我国发生水土流失的主要原因。

我国人口多，对粮食、民用燃料等需求大，所以在生产力水平不高的情况下，个别人对土地实行掠夺性开垦，片面强调粮食产量，忽视了因地制宜的农林牧综合发展，把只适合林、牧业利用的土地也辟为农田，破坏了生态环境。大量开垦陡坡，以致陡坡越开越贫，越贫越垦，生态系统恶性循环；滥砍滥伐森林，甚至乱挖树根、草坪，树木锐减，使地表裸露，这些都加重了水土流失。另外，一些基本建设也不符水土保持要求，例如，不合理地修筑公路、建厂、挖煤、采石等，破坏了植被，使边坡稳定性降低，引起滑坡、塌方、泥石流等严重的地质灾害。

① 自然因素。主要有气候（降雨）、地形、土壤（地面物质组成）、植被四个方面的因素。

② 人为因素。人类对土地不合理的利用，破坏了地面植被和稳定的地形，以致造成严重的水土流失。

a. 植被的破坏。

b. 不合理的耕作制度（轮荒）。

c. 开矿。

## 4.2.3 知识要点

① 土壤环境的基本性质。

② 土壤污染的过程及其定义。

③ 造成水土流失的原因及条件。

④ 水土流失的类型。

⑤ 退耕还林政策对水土保持的意义。

⑥ 我国水土流失防治措施的效果。

## 参考文献

[1] 徐卓.简论全球变暖的影响及对策 [J].考试（高考英语版），2008（4）：82-83.

[2] 中国科学院南京土壤研究所协作小组，中国科学院西北水土保持生物土壤研究所协作小组. 对我国土壤质地分类的意见 [J].土壤，1975（1）：41-43.

[3] 党福江.水利部公布全国第二次水土流失遥感调查结果 [J].水土保持科技情报，2002（2）：48.

# 5 生物环境问题案例

生物环境是维持人类生态系统和整个地球自然生态平衡不可缺少的环境要素。人类的生物环境是指地球上除人以外的所有生物的总和，它是人类生存和发展的物质基础，也是人类生命支持系统的重要组成部分。由于人类各种活动造成生境损失和生物多样性不断减少，这些问题影响着人类的健康以及人类对生物资源的可持续利用。自 20 世纪 80 年代以来，生物多样性保护问题已变得日益普遍和国际化，成为最大的全球环境问题之一。

生物多样性受到威胁具有多方面的原因，既有环境方面的，也有生物方面的，但最主要的是人类活动的影响，归纳起来有以下四种。

① 工业化和城市化的发展。工业化和城市化的发展，彻底改变了原有的生态系统的平衡和稳定，对原有生物造成毁灭性的打击，而在此过程中，人类所种植的城市草坪和繁育的人工林，种类单一，数量有限，根本无法弥补工业化带来的物种损失。

② 人类对生态系统环境的疯狂破坏。大面积地采伐、火烧、垦殖农作物使得成片的原始森林遭到破坏，原有的生态平衡不复存在。

③ 生物资源过度利用。例如，在 1981～1987 年的 6 年间，因为人类的偷猎，非洲象从 120 万头下降到 76.4 万头。许多药用植物也是如此，如人参、天麻、罗汉果等野生植物已非常有限了，如果继续无限制地采收，这些植物也即将灭绝。

④ 外来物种引进和入侵。外来物种的引进和入侵会使得本地生态系统中原有的物种受到重大的威胁。值得注意的是，外来入侵物种对环境的破坏以及对生态系统的威胁是长期的、持久的，对其进行控制或清除往往十分困难，而且这些物种会通过与当地物种竞争食物、分泌释放化学物质、形成大面积单优群落等方式，影响本地物种生存。

## 5.1 生物多样性缺失

说到生物多样性，人们总是会想起《寂静的春天》。春天在人们的印象中总是多姿多彩，百鸟争鸣。然而我们看到的是：1875 年南极狼灭绝，1906 年纹兔袋鼠灭绝，1908 年亚洲狮灭绝，等等。时间流逝，随着 1914 年 9 月世界上最后一只旅鸽在美国辛辛那提动物园孤独死去，从此旅鸽这一物种也在地球上不复存在。

生物多样性是指地球上所有生物（包括植物、动物和微生物）的种类、变异及其生态系统的复杂性程度，它包括遗传多样性（基因多样性）、物种多样性、生态系统多样性和景观多样性。

### 5.1.1　案例：保护濒危物种

（1）事件描述

由于人类索取活动的加剧，导致生态系统的大面积破坏和退化，使物种灭绝的速度加剧。人类造成的物种灭绝速度是自然"本底灭绝"速度的 100～1000 倍。自 1600 年以来，世界上大约有 55 种兽类和 113 种鸟类已经灭绝，分别占兽类的 2.1％和鸟类的 1.3％。现在的物种灭绝速度更快，据科学家统计分析，在世界上 9000 多种鸟类中，1978 年以前有 290 种不同程度地受到灭绝的威胁，而现在则上升到 1000 多种，大约占鸟类总数的 12％。低等动物的灭绝速度更为惊人，由于热带雨林的破坏，每年有近 5 万种无脊椎动物受到威胁而趋于灭绝。据联合国资料表明，2000 年一年地球上就有 10％～20％的植物消失。目前人们已知的濒危种和渐危种仅动物和高等植物就有近万种。科学家预测，如不采取保护措施，地球上全部物种的 1/4 在未来几十年里有被消灭的危险。

（2）原因分析

① 自然原因

a.物种自身的原因。物种特化和遗传衰竭，往往是导致物种濒危甚至灭绝的内在原因。某些种类的野生动物在长期的进化过程中，适应了某种特定的栖息环境而产生了特别的习性（包括食性），使其难以适应变化了的现有生存环境或其他环境，最终落得"不适者被淘汰"的结局。

b.自然灾害。自然灾害也是导致物种濒危的原因之一。比如，1998 年长江流域罕见的洪灾，使许多栖息于平原地区或丘陵地区的野生动物蒙受了灭顶之灾。

② 人为原因

a.栖息地的破坏与丧失。人类为发展经济而砍伐森林、围湖围海造田、过度放牧等，直接造成了野生动物栖息地丧失，间接导致了野生动物的濒危。

b.乱捕滥猎。乱捕滥猎是造成许多物种濒危的直接原因。

c.环境污染。20 世纪以来，由于农药、鼠药、化肥、煤炭、石油的广泛使用，产生了大量工业"三废"和有毒物质，严重污染了大气、土壤和水体，野生动物健康受到损害，繁殖力日渐低下，许多江河湖泊已不再适于水生野生动物的生存繁衍。某些生态位较高的野生动物因为食物链的关系也受到了程度不同的牵连。

d. 外来物种的入侵。

（3）影响分析

生境破坏、物种入侵及疾病流行从而引起物种灭绝、种群组成单一和种群退化，最终造成生物多样性的减少。

（4）对策分析

① 建立自然保护区。这是保护生物多样性的最为有效的措施。

② 颁布相关的法律法规。外来物种入侵不仅对当地生物构成威胁，同时给经济和人体健康造成不可估量的损失，因此一些国家进行立法以防止外来物种入侵。

③ 将濒危物种迁出原地，移入保护中心。

④ 加强环保教育。

（5）类似案例

贵州省总面积17.6万平方公里，仅占全国国土面积的1.8%，但高等植物种类超过了7000种，占全国的近25%。在贵州省拥有的高等植物中，有4.4亿年前出现并曾作为恐龙主要食料的桫椤，3亿多年前石炭纪的苏铁植物，1000万年前新生代第三纪留下的"活化石"植物珙桐，还有八角莲、杜仲、三尖杉、半枫荷等宝贵的药用植物。贵阳药用资源博物馆馆藏植物标本、动物标本、矿物标本等药用资源近2000种。但随着人口增长、全球气候变暖及自然环境恶化，贵州省的生物多样性越来越受到威胁，一些珍稀濒危植物资源研究及保护面临挑战。据统计，贵州省约有900种高等植物面临着种群极度缩小甚至灭绝的危险，如国家一级保护植物伯乐树、贵州特有的国家一级保护植物辐花苣苔、宝贵的药用植物及国家二级保护植物金铁锁以及400多种美丽的兰科植物等。有关专家呼吁，社会各界都应携起手来，保护多姿多彩的植物资源，共建一个人与自然和谐发展的美好社会。

## 5.1.2 教学活动

（1）遗传多样性

遗传多样性是由于选择、遗传漂变、基因流动或非随机交配等生物进化相关因子的作用而导致物种内不同隔离群体，或半隔离群体之间等位基因频率变化的积累所造成的群体间遗传结构多样性的现象。遗传多样性是生物多样性的重要组成层次。

广义的遗传多样性是指地球上生物所携带的各种遗传信息的总和。这些遗传信息储存在生物个体的基因之中。因此，遗传多样性也就是生物遗传基因的多样性。任何一个物种或一个生物个体都保存着大量的遗传基因，因此，可被看作是一个基因库（gene pool）。一个物种所包含的基因越丰富，它对环境的适应能力越强。基因的多样性是生命进化和物种分化的基础。

狭义的遗传多样性主要是指生物种内基因的变化，包括种内显著不同的种群之间以及同一种群内的遗传变异。此外，遗传多样性可以表现在多个层次上，如分子、细胞、个体等。在自然界中，对于绝大多数有性生殖的物种而言，种群内的个体之间往往没有完全一致的基因型，而种群就是由这些具有不同遗传结构的多个个体组成的。

在生物的长期演化过程中，遗传物质的改变（或突变）是产生遗传多样性的根本原因。遗传物质的突变主要有两种类型，即染色体数目和结构的变化以及基因位点内部核苷酸的变化。前者称为染色体的畸变，后者称为基因突变（或点突变）。此外，基因重组也可以导致生物产生遗传变异。

（2）物种多样性

物种多样性是指地球上动物、植物、微生物等生物种类的丰富程度。这是生物多样性的核心。

物种（species）是生物分类的基本单位。物种是什么一直是分类学家和系统进化学家所讨论的问题。迈尔（1953 年）认为：物种是能够（或可能）相互配育的、拥有自然种群的类群，这些类群与其他类群存在着生殖隔离。中国学者陈世骧（1978 年）所下的定义为：物种是繁殖单元，由既连续又间断的居群组成；物种是进化的单元，是生物系统线上的基本环节，是分类的基本单元。在分类学上，确定一个物种必须同时考虑形态的、地理的、遗传学的特征。也就是说，作为一个物种必须同时具备如下条件。

① 具有相对稳定而一致的形态学特征，以便与其他物种相区别。

② 以种群的形式生活在一定的空间内，占据着一定的地理分布区，并在该区域内生存和繁衍后代。

③ 每个物种具有特定的遗传基因库，同种的不同个体之间可以互相配对和繁殖后代，不同种的个体之间存在着生殖隔离，不能配育或即使杂交也不能产生有繁殖能力的后代。

物种多样性包括两个方面：其一是指一定区域内的物种丰富程度，可称为区域物种多样性；其二是指生态学方面的物种分布的均匀程度，可称为生态多样性或群落物种多样性。物种多样性是衡量一定区域内生物资源丰富程度的一个客观指标。

在阐述一个国家或地区生物多样性丰富程度时，最常用的指标是区域物种多样性。区域物种多样性的测量有以下三个指标。

a. 物种总数。即特定区域内所拥有的特定类群的物种数目。

b. 物种密度。指单位面积内的特定类群的物种数目。

c. 特有种比例。指在一定区域内某个特定类群特有种占该地区物种总数的比例。

（3）生态系统多样性

生态系统多样性指的是一个地区的生态多样化程度。它涵盖的是在生物圈之内现存的各种生态系统（如森林生态系统、草原生态系统），也就是在不同物理大背景中发生的各种不同的生物生态进程。生态系统多样性是生物多样性的一个层次。

生态系统的多样性主要是指地球上生态系统组成、功能的多样性以及各种生态过程的多样性，包括生境的多样性、生物群落和生态过程的多样性等多个方面。其中，生境的多样性是生态系统多样性形成的基础，生物群落的多样性可以反映生态系统类型的多样性。

（4）景观多样性

景观多样性是指由不同类型的景观要素或生态系统构成的景观在空间结构、功能机制和时间动态方面的多样化或变异性，它揭示了景观的复杂性，是对景观水平上生物组成多样性程度的表征。景观多样性（landscape diversity）是近年来有些学者提出的，并成为生物多样性的第四个层次。

相对而言，遗传多样性、物种多样性和生态系统多样性是生物多样性的三个重要组成部分。遗传多样性是物种多样性和生态系统多样性的基础，或者说遗传多样性是生物多样性的内在形式。物种多样性是构成生态系统多样性的基本单元。因此，生态系统多样性离不开物种的多样性，也离不开不同物种所具有的遗传多样性。在所有层次的生物多样性中，物种多样性是最基本的，它是连接生物多样性几个层次的纽带，所以物种多样性是目前生物多样性研究的中心问题。

## 5.1.3　知识要点

① 生物环境的定义。

② 生物多样性的概念及其内容。

③ 生物多样性的价值及其层次。

④ 人类对生物多样性的影响。

⑤ 生物多样性被破坏的原因。

⑥ 保护生物多样性的途径。

## 5.2 生物圈物种

生物入侵是指生物由原生存地经自然的或人为的途径侵入另一个新的环境,对入侵地的生物多样性、农林牧渔业生产以及人类健康造成经济损失或生态灾难的过程。

正确的引种会增加引种地区生物的多样性,也会极大地丰富人们的物质生活,如美国于 20 世纪初从我国引种大豆,其种植面积从 6000 多万亩增加到现在的 4 亿多亩,美国已成为大豆的最大生产国、出口国。就我国而言,早在公元前张骞出使西域返回后,便揭开了引进外来物种的一页,苜蓿、葡萄、蚕豆、胡萝卜、豌豆、石榴、核桃等物种便源源不断地沿着丝绸之路被引进到了中原地区。另外,玉米、花生、甘薯、马铃薯、芒果、槟榔、无花果、番木瓜、夹竹桃、油棕、桉树等物种也非我国原产,同样是历经好几百年陆续被引入我国的重要物种。

相反,不适当的引种则会使缺乏自然天敌的外来物种迅速繁殖,并抢夺其他生物的生存空间,进而导致生态失衡及其他本地物种的减少和灭绝,严重危及一国的生态安全。此种意义上的物种引进即被称为“外来物种的入侵”。由此,这种对当地生态环境造成严重危害的外来物种即被称为“入侵种”。

外来入侵物种具有生态适应能力强、繁殖能力强、传播能力强等特点;被入侵生态系统具有足够的可利用资源,缺乏自然控制机制,人类进入的频率高等特点。外来物种的“外来”是以生态系统来定义的。

### 5.2.1 案例:水葫芦生物入侵

(1)事件描述

1884 年,美国新奥尔良的博览会,原产委内瑞拉的凤眼莲(水葫芦)艳丽无比,于是人们将其作为观赏植物带回了各自的国家,殊不知繁衍能力极强的水葫芦便从此成为各国大伤脑筋的头号有害植物,一度被专家称为“紫色恶魔”。1901年,水葫芦被作为观赏植物引入我国,20 世纪 50~60 年代被作为猪饲料推广。水葫芦现已遍布华北、华东、华中、华南的河湖水塘。连绵 1000hm$^2$ 的滇池,水葫芦疯长成灾,布满水面,严重破坏水生生态系统的结构和功能,已导致大量水生动植物死亡。

(2) 原因分析

作为已知的生长最为快速的植物之一，水葫芦的生长令人震惊。污染严重水域恰是水葫芦生长的天堂。此时，水面只有满目绿叶而不会有一枝花序，因为此时它只选择无性繁殖。非洲学者 Ogutu-Ohwayo 等的一项被人多次引用的计算显示，只要条件允许，水葫芦 1 棵植株一年之内可以产生 1.4 亿棵分株，可以铺满 $140hm^2$ 的水面，鲜重可达 8000t。当然，水葫芦也可选择另一种方式繁殖：有性繁殖。它的每一株花序可以产生大约 300 粒种子，这些种子借水传播，适宜条件下可以在几天之内发芽，条件不适则休眠 15～20 年之后仍可保持生命活力。可见水葫芦的生命力极强，作为一种外来物种，水葫芦在入侵水域通过压制或排挤本地物种，形成单优势种群，危及本地物种的生存，最终导致生物多样性的丧失。

(3) 影响分析

大量繁殖的水葫芦覆盖水面，容易造成水质恶化，影响水生生物的生长。繁殖速度惊人的水葫芦同时会消耗大量的溶解氧。有人用三位一体式的战术来贴切阐述它的惊人破坏力：首先对其生活的水面采取了野蛮的封锁策略，使得水中的其他植物不能进行光合作用，而水中的动物得不到充分的空气与食物；同时，任何大小船只也别想在水葫芦的领地里来去自由；不仅如此，水葫芦还有富集重金属的能力，水葫芦死后腐烂体沉入水底形成重金属高含量层，直接杀伤底栖生物。滇池、太湖、黄浦江及武汉东湖等著名水体，均出现过水葫芦泛滥成灾的情况，治理耗费巨资。

(4) 对策分析

① 化学防除。科学工作者们经过一段时间的努力已经在水葫芦的化学防除方面取得了一定成绩。科研人员对四种除草剂（克芜踪、草甘膦、苄嘧磺隆和恶草灵）对水葫芦的控制效果研究表明，克芜踪效果最显著，其次为草甘膦，苄嘧磺隆和恶草灵均有一定的抑制效果，但并不能起到致死作用。化学防除虽然效果比较明确，但大范围使用的费用也比较昂贵，而且最重要的是还产生一系列的环境和安全方面的问题。

② 生物防除。生物防除还一直处在探讨阶段，主要考虑生物防除是否会造成新的生物入侵。虽然生物防除已经在一些地区（尤其在国外）取得一定的效果，但是在实施之前还要做大量的实验证明其安全性。例如虽然紫茎泽兰在墨西哥能跟其他物种和谐地生存，不会疯狂地生长，但是它一到了别的生态环境（如我国的云

南）中便表现出强烈的生态入侵，很快成为当地的优势种群，给当地的其他物种造成毁灭性的破坏。前车之鉴，正如水葫芦被引进到我国一样，我们必须谨慎地对待。

③ 人工打捞。人工打捞是一种原始的方法，但很奏效。关键是打捞时间的确定，在水葫芦开始繁殖前或在施用农药见效后打捞，都能起到事半功倍的效果。特别是人工打捞与化学防除结合起来，当用除草剂使水葫芦枯萎时，再对其进行打捞，效果十分明显。但是，这种方法耗费人力和资金。

④ 利用河蟹控制水葫芦。当每年 4～5 月份水温达到 15℃时，水葫芦便开始繁殖。这时利用河蟹对水葫芦新根、新茎的喜食性，在水葫芦较多的池塘投放一定量的扣蟹或大眼幼体，能有效控制水葫芦的生长，又可提高蟹的产量和成活率。

⑤ 综合利用。水葫芦虽然是入侵物种，但我们可以用科学的方法趋利避害。对那些水葫芦已成为灾难的地区，将其用作畜禽饲料不失为一种明智的方法。此外，由于水葫芦发酵后可产生沼气，还可利用水葫芦来产沼气以缓解我国目前能源短缺的问题。

（5）类似案例

美国白蛾自 1979 年首次在辽宁省丹东市发现，逐步蔓延扩散，1982 年传入山东省威海市，1984 年传入陕西省武功县境内，1990 年传入河北省山海关、唐山沿线；1994 年上海市区、1995 年天津塘沽都有美国白蛾疫情的报道。2004 年其发生面积为 117000hm$^2$，发生范围控制在辽、冀、津、陕、鲁 5 个省（市）。美国白蛾主要是对树木、农作物、花卉等寄主植物造成损害，从而导致经济、生活、环境等问题。

## 5.2.2  "生物圈 2 号"

生物圈一词是 1875 年由奥地利地质学家 Eduard Suess 提出的，指地球表面及其生存环境的总和。科学家们把生命休养生息的地球称为"生物圈 1 号"。美国一些自称为"太空生物圈冒险家"的学者出于对太空旅行和人类是否能够移居到月球上生活的极大兴趣，于 1984 年设计并建造了模拟地球情形的"生物圈 2 号"，使它作为一个实验基地去研究地球生态系统，研究生态系统中各因素的相互作用，研究植物、动物，特别是人能否长期生活在里面，并获取了一些有价值的资料，使人类更清楚地了解"生物圈 1 号"——地球。

"生物圈 2 号"有 5 个野生生物群落（热带雨林、热带草原、海洋、沼泽、沙漠）和两个人工生物群落（集约农业区和居住区）。它们以地球北回归线和南回归线间的生态系统为样板，分别由英美生物和生态学家设计而成。"生物圈 2 号"内的详情见表 5-1。

表 5-1　"生物圈 2 号"内各个组成部分及结构参数一览表

| 区域 | 面积/m² | 体积/m³ | 土壤/m³ | 水分/m³ | 大气/m³ |
|---|---|---|---|---|---|
| 集约农业区 | 2000 | 38000 | 2720 | 60 | 35220 |
| 居住区 | 1000 | 11000 | 2 | 1 | 10997 |
| 热带雨林 | 2000 | 35000 | 6000 | 100 | 28900 |
| 热带草原/海洋/沼泽 | 2500 | 49000 | 4000 | 3400 | 41600 |
| 沙漠 | 1400 | 22000 | 4000 | 400 | 17600 |
| "西肺" | 1800 | 15000 | 0 | 0 | 15000 |
| "南肺" | 1800 | 15750 | 0 | 750 | 15000 |

注：上述两"肺"的体积仅为其完全膨胀的 50%。

与地球生物圈类似，"生物圈 2 号"在物质上闭环，通过工程手段禁止它与外界大气和地下土壤进行物质变换；在能量上开环，允许太阳光通过玻璃结构供植物进行光合作用，同时引入电能供技术系统操作运转；在信息上也同样开环，通过计算机系统、电话、摄像、电视与外界进行数据信息交换，并通过电视可以与外界工作人员及亲属进行面对面交流，还可放映电影和收看商业电视节目。电能及热控能源从外界通过气密装置输送进"生物圈 2 号"，进行能量转移时，不允许内外进行任何形式的交换或混合。

在已知的科学技术条件下，人类离开了地球将难以永续生存。同时有资料显示：地球目前仍是人类唯一能依赖与信赖的维生系统。1996 年，巴斯将"生物圈 2 号"交由美国哥伦比亚大学管理与规划未来的走向，作为生态学、环境变迁研究及教学的基地。哥伦比亚大学开始将"生物圈 2 号"的生态系统仿真实验及新的研究计划整合于一体对外界开放，作为研究及学习中心，以探索人类生活与环境生态的互动影响。

（1）事件描述

"生物圈 2 号"设置在美国亚利桑那州图桑市北部的卡塔利纳山麓，它是一个巨大的、具有未来派风格的用玻璃、钢筋、混凝土建造的形状独特而美观的建筑。"生物圈 2 号"耗资 2 亿美元，占地 1.28 万平方米，最高点有 91ft（1ft = 0.3048m），地面用重 500t 的不锈钢内衬与大地分开，整个构架有 6000 多个绝对密闭的玻璃窗，形成一个完全密封的、与世隔绝的结构。"生物圈 2 号"里面的布局完全模拟自然界，有人造太阳、人工降雨、人工通风；有海洋、沙漠、草原、沼泽、雨林；有农作物生产区；有人的居住区；还有 3000 多种动物和植物。"生物圈2号"几乎是一个完全独立的生命支持系统，但最终以失败告终。

（2）原因分析

氧气未能顺利循环是导致"生物圈2号"失败的重要原因。由于细菌在分解土壤中大量有机质的过程中，耗费了大量的氧气，而细菌所释放出的二氧化碳经过化学作用，被"生物圈2号"的混凝土墙吸收，又打破了循环，致使氧气含量下降，不足以维持研究者的生命。此外，"生物圈2号"中水循环失调和生物种类关系的失调也是"生物圈2号"失败的原因。设计者虽然在"生物圈2号"内模拟了多种生态系统，但引进的生物却主要是生产者，动物、真菌和细菌的种类和数量都较少。传粉的昆虫死去了，有些植物就只开花不结果了。由于动物的种类和数量减少了，植物很少被动物取食，加之缺少细菌和真菌的分解，导致枯枝落叶大量堆积，物质循环不能正常进行。

（3）影响分析

地球上生命的出现是许多生命支持系统长期综合作用的结果，其中任何要素的变化都可能给整个系统带来影响，甚至产生极大的危害。"生物圈2号"实验的失败，对我们是一个警示，说明在现代的技术条件下，人类还无法模拟出一个类似地球的、可供人类生存的生态环境。迄今为止，地球仍是人类唯一的家园，人类应当努力保护它，而不是破坏它。

（4）对策分析

"生物圈2号"实验是由于其生态系统没有得到平衡，最终导致其大气成分发生变化，内部气候也没有调节好，导致粮食歉收等，才使实验失败。要想使实验得到成功，应该保持其内部的生态系统处于平衡，并具有自我调控的功能。所以系统的各组成部分要合理，绿色植物不能过多，否则二氧化碳和肥力不足；动物饲养不能太多，否则氧气消耗会增加；要维持大气成分、生物种类和数量平衡，创造适合生命生存的环境。

（5）类似案例

"海底生物圈2号"（sub biosphere 2）是一个水下城市概念，由八个生活、工作与农场生物群落围绕一个大型生物群落而建，后者有维持整座城市运转的所有必备设施。它是一座完全可以自给自足的城市，能根据需要前往任何一个地方——从漂在海面上到潜入海底。从理论上讲，只要充足的补给和准确的消息，"海底生物圈2号"可以承受从飓风到核战争等各种灾难。

## 5.2.3　教学活动

（1）生物入侵原因

学术界对外来种入侵发生的原因并不清楚，大致可以分两个方面来讨论。一是从入侵者的角度分析，二是从被入侵的生态系统去考察。一般情况下，入侵性强的物种往往具有生态适应能力强、繁殖能力强、传播能力强的特征。例如，植物产生大量的种子，动物产卵量大或产仔量大，这样不仅提高其后代存活的绝对数量，也提高了其传播的概率，在入侵的第一个阶段就占据了优势。另外，容易遭到入侵的生态系统也具有一定特点：具有足够的可利用资源；缺乏自然控制机制；人类进入的频率高等。

为了解释生物入侵现象，科学家们提出了以下几点假说：生态位空缺假说、生物因子失控假说、干扰假说、多样性阻抗假说、天敌逃逸假说、资源机遇假说、生态位机遇假说等。

① 生态位空缺假说。在一个稳定的生态系统中，每一个岗位上都已经有了一个物种，就像俗话说的"一个萝卜一个坑"，这样外来的"萝卜"就没有地方"落脚"，因此入侵也就不会发生了。如果某个地方少了一个"萝卜"，而恰好外来的"萝卜"正好适合这个坑，那么入侵也就发生了。

② 生物因子失控假说。外来入侵种在新区域得以生存和繁殖，是由于它们偶然到达了不具备天敌或其他生物限制的新环境，因而快速扩散造成灾害。也就是说外来生物之所以在其原产地没有什么危害，是因为在原产地有天敌或其他的生物因素限制了它的灾难性爆发，而在被入侵地恰恰少了这些限制因子，于是这些入侵种疯狂生长。该假说是解释外来种成功入侵最直接的假说，并促使人们在入侵种原产地去寻找其天敌以进行生物控制。

③ 干扰假说。人为驯化和迁移的动物和植物，可以对环境造成突然的、剧烈的干扰，有可能促进入侵。若本种未能驯化或适应，而已经适应了的迁入者一旦进入，即可很快形成入侵。水灾、涝灾、农事活动、家畜的饮食、湿地的排水，或河流、湖泊中盐分和营养水平的改变均可引起这种后果。异常的扰动，如火在一些大的生物入侵中起了很大的作用。

④ 多样性阻抗假说。结构简单的群落更容易被入侵，这是因为相对比较简单的植物和动物群落，其所构成的平衡更容易被打破。然而，在区域性的大尺度空间上的研究结果截然不同。Stohgren 等（2001 年）通过大面积调查发现，外来种的物种丰富度与本地种的丰富度具有正相关的关系，说明入侵种更趋于入侵当地物种

多样性的热点地区和稀有生境。

⑤ 天敌逃逸假说。一个外来的植物物种在被引入到一个新的区域后，植食者和其他天敌的压力会减少，从而导致它在数量上的增长和空间分布上的扩张。

⑥ 资源机遇假说。Davis 等依据的是简单的假设，入侵种必须获得可利用的资源，如光、营养和水。当外来种与当地种不存在对资源的强烈竞争时，它的成功率就会增大，进而成为入侵种。

⑦ 生态位机遇假说。资源、天敌和物理环境这三个因素决定一个入侵者的增长率。这三个因素都是随时间和空间而变化的，一个物种对这些因素的时空变化的反应如何，决定了它的入侵能力。物理因素（温度、湿度）和生物因素（食物资源、天敌）在某一特定时空的结合决定了"生态位空间"（niche space）的一个点。物种生态位（species ecological niche）的现代定义为物种对每个生态位空间点的反应和效应。

（2）生物入侵渠道

① 自然入侵。这种入侵不是人为原因引起的，而是通过风媒、水体流动或由昆虫、鸟类的传带，使得植物种子或动物幼虫、卵或微生物发生自然迁移而造成生物危害所引起的外来物种的入侵。如紫茎泽兰、薇甘菊以及美洲斑潜蝇都是靠自然因素而入侵我国的。

② 无意引进。这种引进方式虽然是人为引进的，但在主观上并没有引进的意图，而是伴随着进出口贸易，海轮或入境旅游在无意间引入的。如"松材线虫"就是我国贸易商在进口设备时随着木材制的包装箱带来的。航行在世界海域的海轮，其数百万吨的压舱水的释放也成为水生生物无意引进的一种主要渠道。此外，入境旅客携带的果蔬肉类甚至旅客的鞋底，可能都会成为外来生物无意入侵的渠道。

③ 有意引进。这是外来生物入侵的最主要的渠道。由于世界各国发展农业、林业和渔业的需要，往往会有意识引进优良的动植物品种。如 20 世纪初，新西兰从中国引种猕猴桃，美国从中国引种大豆等。但由于缺乏全面综合的风险评估制度，世界各国在引进优良品种的同时也引进了大量的有害生物，如大米草、水花生、福寿螺等。这些入侵种由于被改变了物种的生存环境和食物链，在缺乏天敌制约的情况下泛滥成灾。全世界大多数的有害生物都是通过这种渠道而被引入世界各国的。

外来物种入侵作为一种全球范围内的生态现象，逐渐成为导致生物多样性减少、物种灭绝的重要原因。根据国际自然资源保护联盟提供的数据，目前全球濒临灭绝危险的野生动物共有10900多种，全球鱼类的1/3，哺乳类的、鸟类的、爬行类的1/4，都已高度濒危，如果照此速度发展到2100年，地球上1/3～2/3的植物、动物以及其他有机体将消失，这些物种大规模死亡的现象和6500万年前恐龙的消亡差不多。

在严峻形势下，越来越多的国家逐渐意识到单靠一国的力量根本无法阻挡外来物种的肆意入侵，而积极的国际合作才能有效地解除外来物种对生物多样性的威胁。

### 5.2.4　知识要点

① 了解"生物圈2号"。

② "生物圈2号"对人类的启示和意义。

③ "生物圈2号"失败的原因。

④ 外来种和生物入侵的定义。

⑤ 生物入侵的特点、影响。

⑥ 生物入侵危害的理论原因。

⑦ 生物入侵的渠道。

⑧ 我国当前生物入侵的现状及解决途径。

## 参考文献

[1] 韩晨霞.重庆自然保护区及生物多样性保护调查研究 [D].重庆：西南师范大学，2004.

[2] 赵铁珍.美国白蛾入侵对我的危害分析与损失评估研究 [D].北京：北京林业大学，2005.

[3] 谭承建，董强，王银朝，等.水葫芦的危害、利用与防除 [J].动物医学进展，2005 (3)：55-58.

[4] 汪官余，于孝东，姚维志.我国外来生物入侵的原因及解决对策研究 [J].生态经济，2006 (5)：272-275，296.

# 6　物理环境问题案例

物理环境可以分为天然物理环境和人工物理环境。自然声环境、振动环境、电磁环境、放射性辐射环境、热环境、光环境构成了天然物理环境。人工物理环境是人类活动的物理因素不同程度地干预天然物理环境所生成的次生物理环境。

## 6.1　电磁污染

人类探索电磁辐射的利用始于1831年英国科学家法拉第发现电磁感应现象。如今，电磁辐射的利用已经深入到人类生产、生活的各个方面，特别是20世纪末移动通信的普及，使人类的活动空间得以充分延伸，超越了国家乃至地球的界限。但是，电磁辐射的大规模应用，也带来了严重的电磁污染。当电磁辐射强度超过人体所能承受的或仪器设备所能容许的限度时，即产生了电磁污染。

近代物理学研究表明：凡是有电荷的地方，四周就存在着电场，即任何电荷都在自己周围的空间激发电场，而电荷与电荷之间通过电场发生相互作用，电荷与电场是不可分割的整体，有电荷的存在就必然有电场。在电流通过的导体周围所产生的具有磁力的场称为磁场。这种交替产生的具有电场与磁场作用的物质空间，称为电磁场。电磁场以一定速度在空间传播，在其传播过程中不断向周围空间辐射能量，此能量称为电磁辐射，亦称为电磁波。

### 6.1.1　电磁环境控制限值

对于人体来说，电磁辐射会造成人体机能障碍和功能紊乱，严重时造成自主神经功能紊乱。长期处于高电磁辐射的环境中，会影响人体的循环系统、免疫、生殖和代谢功能，严重的还会诱发癌症，并会加速人体的癌细胞增殖。高电磁辐射会影响机械设备的精确性，易造成事故；电磁辐射会引燃物品，特别是高场强作用下引起火花而导致可燃性油类气体和武器弹药的燃烧与爆炸事故。

为控制电场、磁场、电磁场所致公众暴露，环境中电场、磁场、电磁场场量参数的方均根值应满足表 6-1 的要求。

表 6-1  公众暴露控制限值

| 频率范围 | 电场强度 $E$ /(V/m) | 磁场强度 $H$ /(A/m) | 磁感应强度 $B$ /μT | 等效平面波动功率密度 $S_{eq}$/(W/m²) |
|---|---|---|---|---|
| 1～8Hz | 8000 | $32000/f^2$ | $40000/f^2$ | — |
| 8～25Hz | 8000 | $4000/f$ | $5000/f$ | — |
| 0.025～1.2kHz | $200/f$ | $4/f$ | $5/f$ | — |
| 1.2～2.9kHz | $200/f$ | 3.3 | 4.1 | — |
| 2.9～57kHz | 70 | $10/f$ | $12/f$ | — |
| 57～100kHz | $4000/f$ | $10/f$ | $12/f$ | — |
| 0.1～3MHz | 40 | 0.1 | 0.12 | 4 |
| 3～30MHz | $67/f^{1/2}$ | $0.17/f^{1/2}$ | $0.21/f^{1/2}$ | $12/f$ |
| 30～3000MHz | 12 | 0.032 | 0.04 | 0.4 |
| 3000～15000MHz | $0.22f^{1/2}$ | $0.00059f^{1/2}$ | $0.00074f^{1/2}$ | $f/7500$ |
| 15～300GHz | 27 | 0.073 | 0.092 | 2 |

注：1. 频率 $f$ 的单位为所在行中第一栏的单位，电场强度控制限值与频率变化关系见图 6-1，磁感应强度控制限值与频率变化关系见图 6-2。

2. 0.1MHz～300GHz 频率，场量参数是任意连续 6min 内的方均根值。

3. 100kHz 以下频率，需同时限制电场强度和磁感应强度；100kHz 以上频率，在远场区，可以只限制电场强度或磁场强度，或等效平面波功率密度，在近场区，需同时限制电场强度和磁场强度。

4. 架空输电线路线下的耕地、园地、牧草地、禽畜饲养地、养殖水面、道路等场所，其频率 50Hz 的电场强度控制限值为 10kV/m，且应给出警示和防护指示标志。

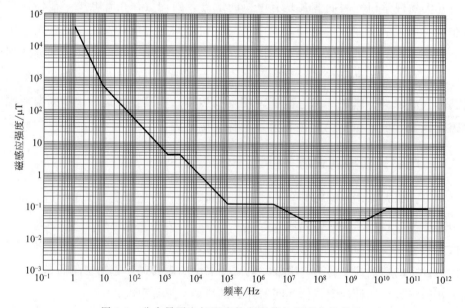

图 6-1  公众暴露电场强度控制限值与频率变化关系

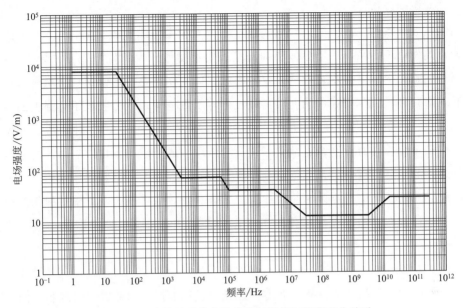

图 6-2　公众暴露磁感应强度控制限值与频率变化关系

## 6.1.2　案例

（1）事件描述

电磁辐射是在 1952 年，Hirhs 首先报道了 1 名雷达工作人员发生双眼白内障以后逐渐引起人们的重视的。这位雷达工作者是在 1500～3000MHz、功率密度 100mW/cm² 条件下，无防护地工作 1 年以后发生双眼白内障的。从此，电磁辐射对人体健康影响问题得到了重视，人们也逐步开展了广泛而深入的研究。见图 6-3。

（2）原因分析

任何交流电路都会向周围的空间发射电磁能，形成交变电磁场，当交流电的频率达到 $10^5$ Hz 及以上时，交流电路周围便形成了射频电磁场。对人体造成危害的电磁辐射主要是射频电磁辐射。射频电磁辐射分为长波、中波、短波和微波辐射，主要发生在无线电广播、电视通信、雷达探测等电子设备中。

图 6-3　身边的电磁场

（3）影响分析

电磁波有致畸、致突变、致癌效应。据世界卫生组织报告，$60\sim120GHz$ 的微波能直接作用于酶系统、染色体和细胞膜，使生物体产生微生物改变，导致血液、淋巴和细胞原生质出现不正常的改变，影响人体的循环系统，使免疫、生殖和代谢功能下降，可导致孕妇腹中胎儿畸形或流产等严重危害。人体吸收了高强度的电磁辐射之后，将受到不同程度的伤害。长期接受高频电磁辐射，会对眼睛、神经系统、生殖系统、心血管系统、消化系统及骨组织造成严重的不良影响，甚至危及生命。瑞士的研究资料指出，周围有高压线经过的住户居民，患乳腺癌的概率比其他人高出 7.4 倍。美国得克萨斯州癌症医学基金会针对一些遭受电磁辐射损伤的病人所做的抽样调查表明，在高压线附近工作的人，其癌细胞生长速度比一般人要快24 倍。

（4）对策分析

目前电磁污染的防治措施主要有：加强电磁辐射污染的监督、管理和控制，开展电磁辐射污染环境监测科学布局，减少污染；采用电磁屏蔽技术，但该方法易造成反射二次污染，且不能整体改善所处环境的电磁辐射强度，不能减弱电磁辐射对人体的长期累积效应；推广和开发吸收电磁辐射的材料，利用特定的吸收材料将电磁辐射（主要是微波）能量吸收掉以降低电磁辐射强度。

（5）类似案例

① 2011 年 6 月 1 日，世界卫生组织正式发布权威研究报告称："手机电磁辐射可增大得脑癌的风险。"

② 2014 年，合肥市疾病预防控制中心在体检的服务对象中选择从事电磁辐射行业的 205 例作业人群进行查体（浅表淋巴结、皮肤、心脏、肺、肝、脾）、心电图、眼晶体检查。根据检查结果得出结论：电磁辐射可以引起人体免疫和遗传效应的改变，随着辐射剂量的增加，对机体健康影响加重。

## 6.1.3 教学活动

（1）电磁污染分类

电磁污染是指天然的或人为的各种电磁波的干扰及有害的电磁辐射。根据来源可以将影响人类生活环境的电磁污染分为天然电磁污染和人为电磁污染两大类。

天然的电磁污染是某些自然现象引起的。最常见的是雷电，雷电除了可能对电气设备、飞机、建筑物等直接造成危害外，还会在广泛的区域产生从几千赫兹到几百兆赫的极宽频率范围内的严重电磁干扰。另外，火山喷发、地震和太阳黑子活动引起的磁爆等都会产生电磁干扰。这些天然的电磁污染对短波通信的干扰极为严重。

人为的电磁污染包括：①脉冲放电。例如，切断大电流电路时产生的火花放电，其瞬变电流很大，会产生很强的电磁。它在本质上与雷电相同，只是影响区域较小。②工频交变电磁场。例如，在大功率电机、变压器以及输电线等附近的电磁场，并不以电磁波的形式向外辐射，但在近场区会产生严重电磁干扰。③射频电磁辐射。例如，无线电广播、电视、微波通信等各种射频设备的辐射，频率范围宽，影响区域也较大，能危害近场区的工作人员。其中，射频电磁辐射已经成为电磁污染环境的主要因素。

（2）电磁污染来源

① 高频感应加热设备。例如，高频淬火、高频焊接和高频熔炼设备等。

② 高频介质加热设备。例如，塑料热合机、高频干燥处理机和介质加热联动机等。

③ 短波超短波理疗设备。

④ 无线电广播通信。

⑤ 微波加热与发射设备。

（3）辐射超标典型区域

① 靠近部分家用电器的地方。

② 工、科、医的电气设备及视觉显示终端周围。

③ 广播电视发射塔周围。

④ 各种微波塔周围。

⑤ 雷达周围。

⑥ 高压变电线路及设备周围。

⑦ 靠近无线鼠标、键盘和台式主机的地方。

（4）电磁辐射的危害

① 电磁辐射对易爆物质和装置的危害高，电磁感应和辐射可以引起易爆物质控制失灵，发生意外爆炸。

② 电磁辐射对挥发性物质的危害高，电磁感应和辐射可以引起挥发性液体或气体意外燃烧。

③ 形成空间电波噪声。从大功率微波和射频设备泄漏出来的电波，会向空间辐射，形成空间电波噪声。空间电波噪声可以干扰位于这个区域范围内的各种电子设备正常工作。

④ 电磁辐射影响人体健康。微波对人体健康危害最大，中长波最小。其生物效应主要是机体把吸收的射频能转换为热能，形成由过热而引起的损伤。

⑤ 电磁辐射是心血管疾病、糖尿病、癌突变的主要诱因。

⑥ 电磁辐射对人体生殖系统、神经系统和免疫系统造成直接伤害。

⑦ 电磁辐射是造成流产、不育、畸胎等的诱发因素。

⑧ 过量的电磁辐射直接影响大脑组织发育、骨髓发育；易得肝病，造成视力下降，造血功能下降，严重者可导致视网膜脱落。

⑨ 电磁辐射可使男性性功能下降，女性内分泌紊乱，月经失调。

### 6.1.4 知识要点

① 电磁污染的定义。

② 电磁污染的来源与传播途径。

③ 电磁污染的控制措施。

④ 电磁辐射带来的危害，对人体健康产生危害的机理及其不确定性。

⑤ 电磁污染的控制途径。

⑥ 在日常生活、学习和工作中如何避免电磁辐射伤害。

## 6.2 光污染

光污染是现代社会中伴随着新技术的发展而出现的环境问题，随着我国现代化城市建设的不断发展，特别是越来越多的城市大量兴建玻璃墙建筑和实施"灯亮工程""光彩工程"，使城市的光污染问题日益突出。当光辐射过量时，就会对人们的生活、工作环境以及人体健康产生不利影响，称为光污染。

### 6.2.1 案例

（1）事件描述

光污染的存在会干扰人们的正常生活和工作。一方面，强烈的反射眩光可能刺激得人眼无法睁开，危害行人和司机的视觉功能，甚至造成交通事故，威胁人们的生命安全。另一方面，给居民生活带来麻烦，尤其是对于那些附近存在玻璃幕墙的居民小区，玻璃幕墙会对周围建筑形成强烈的反光。反射进去的刺目光线容易破坏室内原有的良好气氛，长时间处于光污染环境下工作和生活的人，容易视力下降，产生头昏目眩、失眠、心悸、食欲下降及情绪低落等类似神经衰弱的症状；过量的紫外线、红外线照射，可使人皮肤出现红斑、血压降低、头晕耳鸣，引发白内障和皮肤癌等疾病。如李某的住处相距某大厦近百米，大厦的玻璃幕墙及楼顶的金属装饰球的反射光从他的后窗直接射进屋内，导致室内温度过高，不但影响了家人休息，而且加重了他老伴的高血压、心脏病病情。

（2）光污染来源及原因分析

夜间室外照明的光污染主要来源包括以下几个方面。

① 建筑或构筑物夜景照明产生的溢散光和反射光。

② 各类道路照明产生的溢散光和反射光。

③ 商业街以外地区的城市广告标志照明产生的溢散光和眩光。

④ 商业街的建筑物、店面和广告标志照明，特别是高亮度的霓虹灯、投光灯广告及灯箱广告照明产生的溢散光、眩光和反射光，比如灯箱广告的画面亮度远远超过规定的标准。

⑤ 园林、绿地和旅游景点的景观照明产生的溢散光和干扰光。

⑥ 广场、体育场馆、工厂、工地、矿山、港口、码头及立交桥等大面积照明产生的溢散光、干扰光和反射光。

（3）影响分析

① 对人体健康的影响。人体受光污染危害首先是眼睛。瞬间的强光照射会使人们出现短暂的失明。普通光污染可对人眼的角膜和虹膜造成持续伤害，抑制视网膜感光细胞功能的发挥，引起视觉疲劳和视力下降。彩色光源让人眼花缭乱，不仅对眼睛不利，而且干扰大脑中枢神经，使人感到头晕目眩，出现恶心呕吐、失眠等症状。

同时，舞厅、夜总会的黑光灯所产生的紫外线强度大大高于太阳光中的紫外线。人如果长时间受到这种光的照射，可诱发流鼻血、脱牙、白内障，甚至各种癌变。

另外，光污染在对人的生理造成危害的同时也对人的心理健康造成不良影响，容易导致精神压抑，工作学习效率低下，甚至神经衰弱。

② 妨碍天文观测。由于城市夜晚的灯光太亮，致使望远镜仪器系统的观测能力下降，这已经对天文观测产生了极大的干扰，过去一些比较暗的恒星现在根本看不见了，以致国内外不少地区，特别是那些所谓不夜城地区无法进行天文观测，迫使原有的天文台搬迁新址。例如，中科院南京紫金山天文台和上海天文台纷纷在其他地区另觅观测基地。

③ 生态破坏。光污染不仅影响人类，而且也会影响到动植物的生存，造成生

态破坏。人工光最容易干扰鸟类迁徙，有些鸟类在夜间是以星星定向的，城市的照明光却常使它们迷失方向。据美国鸟类专家统计，每年都有 400 万只候鸟因高楼广告灯影响死去。城市里的鸟还会因灯光而不分四季，在秋季筑巢，结果因气温过低被冻死。

同时强光可能破坏昆虫在夜间的正常繁殖。研究发现，1 个小型广告灯 1 年大约可以杀死 35 万只昆虫，而这又会导致大量鸟类因失去食物而死亡，破坏食物链的平衡，同时还破坏植物的授粉。

强烈的光照能够提高周围环境的温度，对草坪和植被的生长不利。研究还表明，不均匀的光照会导致植物出现黄化或者扁冠现象，违背植物生存的自然规律，扰乱了它们的"植物钟"。夜间强烈的灯光使短日照植物不能开花结果，对植物开花周期会产生影响，花期也会提前或延后。植物在白天利用阳光进行光合作用，但是在夜间也需要休息，光污染影响植物晚间的生理活动。光周期的变化在调节植物种子萌发、幼苗生长、茎的伸长、子叶伸展，直至开花控制、休眠等方面都起着关键性的作用。

④ 能源浪费。过度的照明还会大量消耗能源。光污染时由于多余的直射光或反射光进入大气层，这部分光没有照亮人们想要看到的目标物，而是消失在大气层中，因此造成了极大的浪费。

⑤ 对交通的影响。不同光源混杂在一起，会严重影响被动接受者，黑暗中的强光还会使行人或者驾驶员短暂性"视觉丧失"，甚至引发交通事故；此外光污染还会影响为交通运输作业提供视觉信息的信号灯、灯塔和灯光标志等的正常工作，降低其工作效能。

（4）对策分析

光污染具有巨大的危害性，必须采取积极措施预防和控制。

① 进一步完善光污染防治法律法规。我国应尽快完善光污染防治法律法规，以适应现代法治事业发展的需要。建议国家层面相关部门参考国际上的成熟经验并结合国内情况尽快完善防治光污染的规范。同时，要控制光污染就要在法律法规中有直接具体的规定，如将环境影响评价制度等环保制度在光污染领域贯彻落实。

② 建立和健全监管机制。建立和健全监管机制，认真做好防治光污染监督与管理工作，有关城市建设、环保和城市照明建设管理部门要建立起相应的制度，制定相应的管理和监控办法，做好照明工程的光污染审查、鉴定和验收工作，达到既建设城市照明设施，又减少光污染的目的，使建设夜景、保护夜空双达标。

③ 提高公众防治光污染的意识。光污染是伴随着人类发展所带来的一种新型

环境污染。人们在改造地理环境的同时给环境带来了负面影响，同时也影响了人类生存的自然生态环境。而光污染产生的根源在于人们缺乏对光污染的深刻认识，因此，提高人们防治光污染的意识很有必要，应大力宣传夜景照明产生的危害。

（5）类似案例

随着经济的快速发展，各国大中型城市纷纷修建摩天大楼，为了美观，多数大楼均装上了玻璃外墙。夏季，玻璃外墙强烈的反射光进入居民楼房内，破坏室内原有的良好气氛，使得室温平均升高 4～6℃，影响正常的生活。大楼的反光进入高速行驶的汽车内，会造成人的突发性暂时失明和视觉错乱，在瞬间会刺激司机反应，可能造成交通事故，威胁人们的生命安全。另外，有些玻璃幕墙是半圆形的，反射光会聚还容易引起大面积火灾。

## 6.2.2　教学活动

（1）光污染主要分类

依据不同的分类原则，光污染可以分为不同的类型。

① 国际分类。国际上一般将光污染分成三类，即白亮污染、人工白昼污染和彩光污染。阳光照射强烈时，城市里的玻璃幕墙、釉面砖墙、磨光大理石和各种涂料等反射的光线，明晃白亮、炫眼夺目，称为白亮污染；夜幕降临后，商场、酒店上的广告灯、霓虹灯闪烁夺目，令人眼花缭乱，有些强光束甚至直冲云霄，使得夜晚如同白天一样，称为人工白昼污染；舞厅、夜总会安装的黑光灯、旋转灯、荧光灯以及闪烁的彩色光源则会造成彩光污染。

② 时间分类。我国已故天津大学马剑教授根据光污染发生和造成影响的时间，将光污染分为昼光光污染和夜光光污染。白亮污染即属于昼光光污染，人工白昼污染和彩光污染则属于夜光光污染。

③ 范围分类。有些学者还根据光污染所影响的范围的大小将光污染分为室外视环境污染、室内视环境污染和局部视环境污染。其中，室外视环境污染包括建筑物外墙、室外照明等造成的污染；室内视环境污染包括室内装修、室内不良的光色环境等造成的污染；局部视环境污染包括书簿纸张和某些工业产品等造成的污染。

④ 激光污染分类。激光污染也是光污染的一种特殊形式。由于激光具有方向性好、能量集中、颜色纯等特点，而且激光通过人眼晶状体的聚焦作用后，到达眼底时的光强度可增大几百至几万倍，所以激光对人眼有较大的伤害作用。激光光谱的一部分属于紫外和红外范围，因此有红外线污染和紫外线污染。

红外线近年来在军事、人造卫星以及工业、卫生、科研等方面的应用日益广泛，因此红外线污染问题也随之产生。红外线是一种热辐射，对人体可造成高温伤害。较强的红外线可造成皮肤伤害，其情况与烫伤相似，最初是灼痛，然后造成烧伤。红外线对眼的伤害有几种不同情况，波长为 7500～13000Å 的红外线对眼角膜的透过率较高，可造成眼底视网膜的伤害。

紫外线最早应用于消毒以及某些工艺流程。近年来它的使用范围不断扩大，如用于人造卫星对地面的探测。紫外线对人体主要是伤害眼角膜和皮肤。造成角膜损伤的紫外线主要为 2500～3050Å 部分，而其中波长为 2880Å 的作用最强。角膜多次暴露于紫外线，并不增加对紫外线的耐受能力。紫外线对角膜的伤害作用表现为一种叫作畏光眼炎的极痛的角膜白斑伤害。除了剧痛外，还导致流泪、眼睑痉挛、眼结膜充血和睫状肌抽搐。紫外线对皮肤的伤害作用主要是引起红斑和小水疱，严重时会使表皮坏死和脱皮。人体胸、腹、背部皮肤对紫外线最敏感，其次是前额、肩和臀部，再次为脚掌和手背。不同波长的紫外线对皮肤的效应是不同的，波长 2800～3200Å 和 2500～2600Å 的紫外线对皮肤的效应最强。

⑤ 眩光污染分类。眩光污染也是一个不可忽视的类型。眩光污染主要指一些可以引起人的双目产生刺眩效果的光污染。它可以分为直接眩光和间接眩光。直接眩光指光束直射入眼引起目眩。比如驾驶时汽车大灯照射出的光束，非常影响行驶安全，但是尚无法律法规要求必须关闭大灯，所以关闭大灯的行为只是人们出于道义上的自觉行为，约束程度不高；间接眩光指光源亮度与周围环境相比要比周围环境亮很多，从而使人从一个黑暗环境突然转化到非常亮的环境时，人眼一时无法适应从黑暗到强光的转化过程，引起目眩。

⑥ 光源分类。根据产生光污染的光源类型分为混光污染和过度照明式光污染。混光污染是指各种不同的光束、灯光、光线以及不同颜色的灯光混杂在一起，对人们造成危害的光污染种类。例如，在商业中心，一般都设有广告灯箱、闪烁的霓虹灯、白炽灯等，并且为了美观，这些灯光基本上是颜色各异，这就构成了混光污染。过度照明式光污染是指照明程度已经远远超过所需要的亮度，这不仅造成了资源的浪费，也会对人类和其他生物造成危害。

（2）光污染的主要特点

① 暂时性。光污染是属于物理性质的污染，它不同于水污染、大气污染等具有化学性质的污染。光污染往往发生在一定期间内，之后便消失了。例如，白亮污染，往往发生在太阳光照射强烈的时间段内，如果太阳落山、暮色降临，在没有强烈的灯光的情况下，白亮污染就会消失。光污染只有当光源强烈照射时才会发生，只要光源照射停止，光污染也会随即消失，没有残留，它的能量最后转变为热能消

失在环境中。光污染的这种暂时性特性，会为环境行政执法部门执法取证带来一定的困难。

② 抽象感觉性。光污染对人类的危害可以只是使人的心理状态发生变化，例如烦躁、易怒。光污染对人的危害程度取决于光源的强弱，以及人本身的生理、心理状况。例如，老年人、儿童、病人对光源的承受能力就比较差。一般来讲，距离光源越近、接触的时间越长，光污染造成的伤害程度会越大。但由于人们的生理和心理状态的不同，对同一光源的反应程度也会有所不同。如夜深人静时人们对光源会更加敏感，生活休息也会有较大影响，而白天人们对光源的承受能力会更强一些。另外，从侵害行为的载体来说，光污染是一种没有一定具体的形态，不能用传统的衡量方式加以计量的污染。

③ 被阻断性。光污染是一种能量型污染，它的能量在向四周环境传播过程中，会随着距离的加大以及林木、建筑物等遮挡物、障碍物的阻隔而大大减弱甚至消失，很难延伸到非常遥远的空间，具有某种意义上的局部性。光污染的这一特性使得对光污染的防治比其他有形物污染的防治要相对容易。只要远离光源、阻断光源或者从根源切断光源以及把光源限制在一定范围内就可以减轻或者避免光污染带来的危害，防治光污染的广泛负面影响。

④ 分散性。由于光污染的光源相当多，而且光的散射、漫射很分散，故而光源所造成的污染也是分散的。这个特性会给光污染的集中防治带来一定困难。

### 6.2.3　知识要点

① 光污染的定义。
② 光污染的来源和危害。
③ 光污染的控制途径。
④ 光污染分类。

## 6.3　声污染

噪声是发生体做无规则振动时发出的声音，声音由物体振动引起，以波的形式在一定的介质（如固体、液体、气体）中进行传播。通常所说的噪声污染指人类在工业生产、建筑施工、交通运输和社会生活等活动中，产生的噪声对周围动物（包括人类）生活环境造成的干扰。

从广义上来讲，凡是人们不需要的，使人厌烦并干扰人的正常生活、工作和休息的声音统称为噪声。噪声不仅取决于声音的物理性质，还与人的生活状态有关。即使听到同样的声音，有些人感到很喜欢，愿意听，有些人却感到厌恶，即确定一种声音是否是噪声与人的主观感觉是有很大关系的。另外，从心理学的观点看，凡是人们不需要的，使人烦躁的声音都叫作噪声，它对周围环境造成的不良影响叫噪声污染。从物理学的观点来看，噪声是指声波的频率和强弱变化毫无规律、杂乱无章的声音。

（1）噪声的主要特性

① 噪声是一种感觉性污染，不会在周围环境里遗留有毒有害的化学污染物质，与人体主观愿望有关。

② 噪声源的分布广泛而分散，能量在传播过程中会逐渐衰减，影响范围有限。

③ 噪声产生的污染没有后效作用。噪声源停止，噪声便会消失，转化为空气分子无规则运动的热能。

（2）噪声控制

噪声的传播一般分为三个阶段：噪声源、传播途径、接受者。控制噪声的原理，就是在噪声到达耳膜之前，采取阻尼、隔振、吸声、隔声、消声器、个人防护和建筑布局等七大措施，尽量减弱或降低声源的振动，或将传播的声能吸收掉，或设置障碍，使声音全部或部分反射出去，减弱噪声对耳膜的作用，这样即可达到控制噪声的目的。根据噪声传播的三个阶段，可分别采用三种不同的途径控制噪声。

① 从声源上根治噪声：最根本最有效手段。

a.选用内阻尼大、内摩擦大的低噪声新材料。

b.改进机器设备的结构，提高加工精度和装配精度。

c.改善或者更换动力传递系统和采用高新技术，对工作机构从原理上进行革新。

d.改革生产工艺和操作方法。

② 从传播途径上降低噪声：最常用方法。

a.利用静闹分开的方法降低噪声。

b.利用地形和声源的指向性降低噪声。

c.利用绿化带降低噪声。

d.采用声学控制手段降低噪声——主要有吸声、隔声、消声等。

③ 在接受点进行防护：最有效而经济的办法。主要体现在防护用具上，例如面具、耳塞、防护棉、耳罩等。

（3）噪声危害

① 对人的生理影响。长期生活在噪声环境中会导致耳聋，且人体容易产生眼疲劳、眼痛、眼花和视物流泪等眼损伤现象。

② 对人的心理影响。主要是使人烦恼、激动、易怒，甚至失去理智，影响精力集中和工作效率。

③ 对孕妇和胎儿的影响。孕妇如果长期处在超过50dB的噪声环境中，会使内分泌腺体功能紊乱，并出现精神紧张和内分泌系统失调，严重的会使血压升高、胎儿缺氧缺血、胎儿畸形甚至流产。而高分贝噪声能损坏胎儿的听觉器官，致使部分区域受到影响，影响大脑的发育，导致儿童智力低下。为了妇女及其子女的健康，妇女在怀孕期间应该避免接触超过卫生标准（85~90dB）的噪声。

④ 对生产活动的影响。在嘈杂的环境中，人的心情烦躁，容易疲劳，反应迟钝，工作效率下降，工伤事故多。

⑤ 对动物的影响。包括使听觉器官、内脏器官和中枢神经系统的病理性改变的损伤。

⑥ 对物质结构的影响。例如使高精密度的仪表失灵等。

## 6.3.1　案例

（1）事件描述

随着现代城市规模扩大，经济活动越频繁，社会生活越热闹，各种声源就越多、越复杂，噪声随之而来。环境保护部发布的《2017年中国环境噪声污染防治报告》显示，2016年相关部门共收到环境投诉119.0万件，其中噪声投诉52.2万件，占环境投诉总量的43.9%。直辖市和各省会城市昼间总点次达标率为87.2%，夜间达标率为59.7%。机器的轰鸣、车辆的鸣笛、闹市的喧哗、卖场的促销等各种声音相互交织，夜里仍不绝于耳，让人辗转反侧、难以入眠。同时，噪声污染会给人们正常的工作生活带来严重的困扰，长期处在噪声环境下，可能诱发多种生理、心理疾病。

（2）原因分析

一方面，由于城镇发展导致机动车数量增加。车辆的高音喇叭在城区内得不到有效控制，从城镇近几年交通噪声检测数据看，交通噪声占城市噪声污染的60%~70%。

另一方面，城镇建设步伐加快，房地产开发热火朝天。每年都有大批房屋拆迁，一栋栋大楼拔地而起。在大搞建设的同时，也给城市带来了噪声污染。黑龙江省某市近几年的建筑施工噪声监测数据表明，大多数建筑施工界噪声都超标。个别施工单位为了抢时间，赶进度，缩短工期，竟违反环境保护部门关于禁止夜间施工的规定，实行昼夜 24h 连续施工，对周围的居民影响极大。

（3）影响分析

噪声污染被视为一种无形的污染，它是一种感觉性公害，具有局部性、暂时性和多发性的特点，由于其危害性大，又被称为"致人死命的慢性毒药"。长期工作在高噪声环境下而有没有采取任何有效的防护措施，必将导致永久性的无可挽回的听力损失，甚至导致严重的职业性耳聋。国内外现都已把职业性耳聋列为重要的职业病之一。强噪声除了可导致耳聋外，还可对人体的神经系统、心血管系统、消化系统以及生殖机能等产生不良的影响。特别强烈的噪声还可导致精神失常、休克甚至危及生命。

（4）对策分析

建筑施工噪声的控制可采取如下措施。

① 主管部门加大对建筑施工工程申报的审批力度。针对城市建设实际，要着重抓好建筑施工工程登记、注册和申报审批工作，切实将建筑施工噪声管理纳入制度化轨道。在城市建设中，各工程建设单位和施工单位都必须到环保部门登记注册，实事求是地申报工程建设的阶段性情况，使环保部门了解工程所处的地理位置、周围人口居住情况、工程规模、工程期限和容易产生噪声的工程设备的安置地点，从而预测施工噪声可能对居民造成的影响。同时，要对需要夜间施工的工程进行严格的审批，要求施工单位必须办理夜间施工许可证，采取有效措施降低噪声，协调好与周围居民的关系，张贴施工告示，以取得居民的谅解。

② 加大建筑施工噪声的现场监测。加强建筑施工噪声的现场监测是有效控制施工噪声扰民的根本途径。针对建筑施工噪声事件集中、位置多变的特点，环保部门专门成立施工噪声检查小组，对辖区范围内的建筑施工工地进行不定期检查，对位于居民稠密区的工程进行重点检查。另外，针对目前有些施工单位抢工期，夜间施工的现象，成立夜间巡逻队，加大夜间检查频次。对现场检查中发现的问题，从重从快查处，有力促进施工单位进行噪声防治。对一些施工噪声污染严重，又不采取措施的单位，应根据《中华人民共和国环境噪声污染防治法》的规定给予严肃查处，以保障群众的合法权益。

③ 施工企业积极降低和减少噪声。严格控制人为噪声，施工现场限制高音喇叭的使用，最大限度地减少噪声扰民。凡在人口稠密区进行强噪声作业时，须严格控制作业时间，一般晚 10 点到次日早 6 点之间停止强噪声作业。特殊情况必须昼夜施工时，尽量采取降低噪声的措施，并同建设单位找当地居委会、村委会或当地居民协调，出安民告示，取得群众谅解。从声源上控制噪声是防治噪声污染的最根

本的措施。

④ 加大建筑施工噪声防治的宣传力度。在建筑施工噪声管理过程中，应坚持防治结合、以防为主的原则，不断地对施工单位进行有关环保政策、法规的宣传教育，向施工单位传达国家、省、市有关噪声管理的规定，增强施工队伍的环境意识，使他们真正意识到治理噪声所带来的环境效益、经济效益、社会效益，从而在工作中采取一切可能降低噪声的措施，自觉进行噪声治理，将施工噪声污染降到最低水平。

（5）类似案例

东部某沿海城市中心城区为老城区，过去由于规划布局不合理，在城区内建工厂的问题很严重。20世纪20年代，该市某啤酒厂建设在中心城区的居民密集区。新中国成立后，老城区改造的步伐加快，啤酒厂周围盖起了新式的高层住宅楼。随着人们环保意识的增强，人们对居住环境优劣也开始重视。该啤酒厂生产活动的噪声对周围居民的生活造成了很大影响，居民不堪其扰，向环保部门进行了投诉。通过现场勘查、监测布点、测量后，再根据 GB 12348—2008 和 GB 3096—2008 两个标准得出结论：夜间只有洗瓶机设备噪声时，两监测点位等效声级不超标；关闭洗瓶机后翻斗车装卸酒瓶时，两监测点位等效声级均超标，说明夜间的噪声污染源主要来自翻斗车装卸酒瓶产生的噪声。

## 6.3.2　教学活动

（1）声污染分类

噪声污染按声源的机械特点可分为：气体扰动产生的噪声、固体振动产生的噪声、液体撞击产生的噪声以及电磁作用产生的电磁噪声。

噪声按声音的频率可分为：小于 400Hz 的低频噪声、400～1000Hz 的中频噪声及大于 1000Hz 的高频噪声。

（2）声污染特性

噪声是一种公害，它就具有公害的特性，同时它作为声音的一种，也具有声学特性。

① 噪声的公害特性。由于噪声属于感觉公害，所以它与其他有害有毒物质引起的公害不同。首先，它没有污染物，即噪声在空中传播时并未给周围环境留下什么毒害性的物质；其次，噪声对环境的影响不积累、不持久，传播的距离也有限；再次，噪声声源分散，而且一旦声源停止发声，噪声也就消失。因此，噪声不能集中处理，需用特殊的方法进行控制。

② 噪声的声学特性。简单地说，噪声就是声音，它具有一切声学的特性和规律。但是噪声对环境的影响和它的强弱有关，噪声愈强，影响愈大。衡量噪声强弱的物理量是噪声级。

## 6.3.3　知识要点

① 噪声、噪声污染的定义。
② 噪声的来源、声学特征。
③ 噪声污染的原因和影响。
④ 噪声的危害及其对策。

# 参考文献

[1]　孟超，高燕，于淼，等.城市电磁辐射污染的产生与危害 [J].安全，2005 (5)：29-33.

[2]　欧志海.分析城市电磁辐射污染的产生原因与危害 [J].资源节约与环保，2017 (2)：36.

[3]　欧阳昕.电磁辐射污染的危害及防护 [J].电子技术，2014，43 (9)：15-18.

[4]　王强，王俊，曹兆进，等.移动电话基站射频电磁辐射污染状况调查 [J].环境与健康杂志，2010，27 (11)：974-979.

[5]　陆智新，梁美霞.基于生态安全的泉州市移动通讯基站电磁辐射污染管理现状与对策 [J].科技和产业，2014，14 (4)：154-155.

[6]　梁金荣.手机电磁辐射对人体健康的影响和防护 [J].九江学院学报（自然科学版），2015，30 (2)：38-41.

[7]　卢林，李延忠，徐影，等.电磁辐射对人体免疫和遗传效应的影响 [J].中国辐射卫生，2014，23 (2)：150-152.

[8]　刘琦.城市的"光污染"问题及对策 [J].山东建筑工程学院学报，2003 (3)：43-45.

[9]　何秉云.光污染的产生、影响和治理 [J].照明工程学报，2013，24 (S1)：66-71.

[10]　李振福，王岩.城市建设过程中的光污染及治理策略 [J].规划师，2002 (12)：74-76.

[11]　黄殊涵.中国光污染防治立法研究 [D].哈尔滨：黑龙江大学，2010.

[12]　孙黎明.城市噪声污染信访监测中几个实例的探讨 [J].新疆环境保护，2016，38 (2)：31-37.

[13]　王桂新.城市化基本理论与中国城市化的问题及对策 [J].人口研究，2013，37 (6)：43-51.

# 7 各圈层污染物迁移转化问题案例

物质循环是连接生物群落和环境的重要环节。广义的物质循环可分为内在的循环和外在的循环。前者主要包括地球表面下的各种岩石，如沉积岩、火成岩、变形岩和岩浆。后者大部分存在于地球表面以上，包括水圈、生物圈和大气圈。

环境污染物就是进入环境后使环境的正常组成和性质发生直接或间接有害人类的变化的物质。污染物进入环境后，通过物理或化学反应或在生物作用下会转化变成危害更大的新污染物，也可能降解成无害物质。

污染物在环境中所产生的空间位移及其所引起的富集、分散和消失的过程谓之污染物的迁移。而污染物的转化是指污染物在环境中通过物理、化学或生物的作用改变存在形态或转变为另一种物质的过程。

## 7.1 地下水环境

地下水是人类赖以生存和发展的宝贵、不可取代的自然资源，也是重要的水体载体，与其赋存的岩石共同构成地表的应力平衡系统。

人类活动主要从三个方面对地下水产生影响，第一是过量开发或排出地下水，如过量的开采、矿坑排水；第二是过量地补充地下水，如大量地表水饮水灌溉、平原水库；第三是污染物进入地下水，如生活污水和垃圾、工业废水和废渣、农用肥料和农药。这些人类活动，改变了原有地下水的成分、地下水的循环条件和应力状态，进而造成一系列地下水环境问题。

据 2013 年统计（图 7-1），地下水环境质量的监测点总数为 4778 个，其中国家级监测点 800 个。水质优良的监测点比例为 10.4%，良好的监测点比例为 26.9%，较好的监测点比例为 3.1%，较差的监测点比例为 43.9%，极差的监测点比例为 15.7%。主要超标指标为总硬度、铁、锰、溶解性总固体、"三氮"（亚硝酸盐、硝酸盐和氨氮）、硫酸盐、氟化物、氯化物等。与 2012 年相比，有连续监测数据的地下水水质监测点总数为 4196 个，分布在 185 个城市，水质综合变化以稳定为主。

其中，水质变好的监测点比例为 15.4%，稳定的监测点比例为 66.6%，变差的监测点比例为 18.0%（图 7-2）。

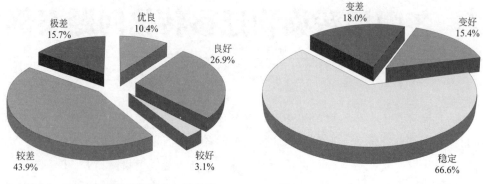

图 7-1　2013 年地下水监测点水质状况　　　　图 7-2　2013 年地下水水质年际变化

### 7.1.1　案例：红色井水

（1）事件描述

2013 年 3 月 29 日，某村庄曝出了"红色井水"事件。据悉，该村地下水变红已超过 10 年，村民曾多次向当地有关部门反映与化工厂污染有关，但均未得到回应。直到 2013 年 4 月 8 日，水质抽样检测结果公布，发现当地某化工厂排水沟坝里的苯胺含量超出排污标准 1 倍多，且由于下渗作用，该村部分井水苯胺含量超出饮用水标准 73.3 倍。

（2）原因分析

据了解，该化工厂主要产品为染料中间体间氨基苯磺酸等，产生的废水中主要污染物为化学需氧量（COD）和苯胺类。苯胺在常温条件下是油状液体，土壤对其有良好的吸收作用，混入土壤中的苯胺在短时间内很难分解，且目前缺乏有效的治理办法。由于下渗作用进入水体的苯胺，使水体和底泥的物理、化学性质和生物种群发生变化，造成水质恶化，从而导致环境污染。当水中排入大量苯胺时，水面会出现漂浮污染物，并有刺激性气味，伴随出现鱼虾等水生生物死亡，如果没有大量水源的补充和稀释，污染水系的生态平衡会被破坏并且短时间难以恢复。另外，水体中的低浓度苯胺，一旦被人体摄入，也会产生一定健康损害。

尽管当地环保部门每月对该化工厂排水口水质检测一次，检测结果都显示合格。但事实上由于检测频率不够，企业自身检测手段不足，导致了该化工厂超标排放的现象。村庄的土壤污染是该化工厂 20 多年长期作用积累的后果，污染物遇到雨水冲刷下渗，导致浅层水污染变红，最后成为"红色井水"。

（3）影响分析

① 地下水污染对人体的影响。污染后的地下水，会使得饮用水达不到安全指标。地下水被污染后，易引发各种疾病，如肿瘤、神经系统和皮肤方面的怪病。而且由于城镇居民生活中产生的大量垃圾和污水，其中包含大量的洗涤剂、微生物、氮磷等，使得饮用水浑浊而不能饮用。并且在微生物的作用下，含氮有机物转变为硝酸盐和亚硝酸盐，使得饮用水中硝酸盐和亚硝酸盐含量超标，饮用起来不仅苦涩，而且长期饮用被污染的地下水易引发消化道疾病，出现腹泻、呕吐等不良反应。如果地下水被重金属污染，如汞、铅、镉等，会导致水俣病、骨痛病等疾病。此外，有些污染物还会致癌、致畸、致突变。

② 地下水污染对工业生产的影响。由于地下污水和地表物质发生某种化学反应使得水的硬度变大。在东北，工业生产用水中地下水的比例较大，如果地下水被污染，将会给工业生产带来严重的损失。作为工业生产的冷却水如果硬度较高，会使热交换器结水垢，这样不仅会阻碍水流流动，还会使热交换效率减低，导热性降低，影响工业生产的顺利进行甚至被迫停产。而且机器表面结 1mm 的水垢，燃料消耗就要增加 4% 左右。水垢还会腐蚀机器，使得机器被损坏，不仅浪费钢材，还会影响生产效益。另外，高硬度地下水还会对化工、医疗、发电等诸多行业造成危害，且由于水的硬度过高，使用之前必须要经过软化处理，从而使成本大大地增加。

③ 地下水污染对农业生产的影响。地下水被污染后，会使得 pH 值变高。如果长期用此水灌溉农田，会使土壤结构改变，易板结，从而无法耕作。另外，灌溉水中的硝酸盐和亚硝酸盐含量过高，就会使农作物的抗病力减弱，质量、等级也会随之降低，同时也会影响农产品出口。

（4）对策分析

地下水污染治理技术归纳起来主要有：物理处理法、稳定和固化技术、抽出处理法以及原位处理法。

① 物理处理法。物理处理法是利用物理手段对受污染的地下水进行治理的一种方法，主要包括屏蔽法、被动收集法和水动力控制法等。

屏蔽法是在地下建立各种物理屏障，将受污染的地下水体圈闭起来，以防止污染物进一步扩散蔓延。它只在处理小范围的剧毒、难降解污染物时才可考虑作为一种永久性的封闭方法，在多数情况下只是在地下水污染治理的初期被用作一种临时性的控制方法。

被动收集法是在地下水流的下游挖一条足够深的沟道，在沟内布置收集系统，将水面漂浮的污染物质如油类污染物等收集起来，或将所有受污染地下水收集起来以便处理的一种方法。被动收集法一般在处理轻质污染物（如油类等）时比较有效，它在美国治理地下水油污染时得到过广泛的应用。

水动力控制法是利用井群系统，通过抽水或向含水层注水，人为地改变地下水的水力梯度，从而将受污染水体与清洁水体分隔开来。此方法一般用作一种临时性的控制方法，在地下水污染治理的初期用于防止污染物的扩散蔓延。

② 稳定和固化技术。稳定化是指将污染物转化为不易溶解、迁移和毒性比较小的状态或者形式。而固化是指将污染物质包存起来，呈小颗粒状或者大块形状，使污染物质处于稳定状态，不再影响周围环境。

③ 抽出处理法。抽出处理法是将埋藏在地下的受污染的地下水抽到地表进行处理的技术。受污染的地下水抽出后的处理方法与地表水的处理相同，可以根据除去污染物的基本原理大致分为以下几类：a.物理法，包括吸附法、重力分离法、过滤法、反渗透法、汽提法、空气吹脱法和焚烧法；b.化学法，包括混凝沉淀法、氧化还原法、离子交换法和中和法等；c.生物法，包括活性污泥法、生物膜法、厌氧消化法和土壤处置法。由于抽出处理法需要将污染的地下水抽出地面，因此处理成本高，并且地下水被抽出后，就会改变地下水原有的天然流场，可能会引发一系列的问题，如地面塌陷等。因此，这些因素是在选择该项处理技术时必须要加以考虑的。

④ 原位处理法。原位处理法是地下水污染治理技术研究的热点。不但处理费用相对节省，而且还可减少地表处理设施，最大限度地减少污染物的暴露，减少对环境的扰动，是一种很有前景的地下水污染处理技术。原位处理法又包括物理处理法、化学处理法及生物处理法。

除上述外，国家应该完善地下水污染的相关法律法规，加强地下水监测系统建设，建立全国地下水污染预警与应急预案，实现大区域范围内的地下水污染信息进行实时监控，对地下水污染严重的地区及时预报，以及加大宣传力度，提高公众的环保意识。

（5）类似案例

我国东部某乡镇井水黑如墨汁，气味刺鼻。2012 年 2 月 23 日，该镇有村民反映水井里的水黑如墨汁，并且气味刺鼻。由于当地还未开通自来水，许多村民只能饮用井水，但这次污染严重影响了村民的用水情况。

## 7.1.2 教学活动

（1）地下水的分类

① 按起源不同，可将地下水分为渗入水、凝结水、初生水和埋藏水。

渗入水：降水渗入地下形成渗入水。

凝结水：水汽凝结形成的地下水称为凝结水。当地面的温度低于空气的温度时，空气中的水汽便要进入土壤和岩石的空隙中，在颗粒和岩石表面凝结形成地下水。

初生水：既不是降水渗入，也不是水汽凝结形成的，而是由岩浆中分离出来的气体冷凝形成，这种水是岩浆作用的结果，称为初生水。

埋藏水：与沉积物同时生成或海水渗入到原生沉积物的孔隙中而形成的地下水称为埋藏水。

② 按矿化程度不同，可分为淡水（总矿化度<1g/L）、微咸水（总矿化度为1~3g/L）、咸水（总矿化度为3~10g/L）、盐水（总矿化度为10~50g/L）、卤水（总矿化度>50g/L）。

③ 按含水层性质分类，可分为孔隙水、裂隙水、岩溶水。

孔隙水：疏松岩石孔隙中的水。孔隙水是储存于第四系松散沉积物及第三系少数胶结不良的沉积物孔隙中的地下水。

裂隙水：赋存于坚硬、半坚硬基岩裂隙中的重力水。裂隙水的埋藏和分布具有不均一性和一定的方向性；含水层的形态多种多样；明显受地质构造的因素的控制；水动力条件比较复杂。

岩溶水：赋存于岩溶空隙中的水。

④ 按埋藏条件不同，可分为上层滞水、潜水、承压水。

上层滞水：埋藏在离地表不深、包气带中局部隔水层之上的重力水。一般分布不广，呈季节性变化，雨季出现，干旱季节消失，其动态变化与气候、水文因素的变化密切相关。

潜水：埋藏在地表以下、第一个稳定隔水层以上、具有自由水面的重力水。潜水在自然界中分布很广，一般埋藏在第四系松散沉积物的孔隙及坚硬基岩风化壳的裂隙、溶洞内。

承压水：埋藏并充满两个稳定隔水层之间的含水层中的重力水。承压水承受静水压；补给区与分布区不一致；动态变化不显著；承压水不具有潜水那样的自由水面，所以它的运动方式不是在重力作用下的自由流动，而是在静水压力的作用下，以水交替的形式进行运动。

（2）地下水污染程度

根据地下水污染程度可分为污染严重、污染中等和污染较轻三级，另外反映地下水污染的组分包括硝酸盐氮、亚硝酸盐氮、氨氮、铅、砷、汞、铬、氰化物、挥发性酚、石油类、高锰酸盐指数等指标。中国地下水污染状况具体如下：

东北地区重工业和油田开发区地下水污染严重。松嫩平原的主要污染物为亚硝酸盐氮、氨氮、石油类等；下辽河平原硝酸盐氮、氨氮、挥发性酚、石油类等污染普遍。各大中城市地下水的污染程度不同，其中，哈尔滨、长春、佳木斯、大连等城市的地下水污染较重。

华北地区地下水污染普遍呈加重趋势。华北地区人类经济活动强烈，从城市到乡村地下水污染比较普遍，主要污染组分有硝酸盐氮、氰化物、铁、锰、石油类等。此外，该区地下水总硬度和矿化度超标严重，大部分城市和地区的总硬度超标，其中，北京、太原、呼和浩特等城市的地下水污染较重。

西北地区地下水受人类活动影响相对较小，污染较轻。西北地区地下水污染总体较轻。内陆盆地地区的主要污染组分为硝酸盐氮；黄河中游、黄土高原地区的主要污染物有硝酸盐氮、亚硝酸盐氮、铬、铅等，以点状、线状分布于城市和工矿企业周边地区，其中，兰州、西安等城市的地下水污染较重。

南方地区地下水局部污染严重。南方地区地下水水质总体较好，但局部地区污染严重。西南地区的主要污染指标有亚硝酸盐氮、氨氮、铁、锰、挥发性酚等，污染组分呈点状分布于城镇、乡村居民点，污染程度较低，范围较小。中南地区主要污染指标有亚硝酸盐氮、氨氮、汞、砷等，污染程度低。东南地区主要污染指标有硝酸盐氮、氨氮、汞、铬、锰等，地下水总体污染轻微，但城市及工矿区局部地域污染较重，特别是长江三角洲地区、珠江三角洲地区经济发达，浅层地下水污染普遍。南方城市中，武汉、襄阳、昆明、桂林等污染较重。我国地下水质量分布的总体规律是：南方地下水质量优于北方地下水质量，东部平原区地下水质量优于西部内陆盆地，山区地下水质量优于平原，山前及山间平原地下水质量优于滨海地区，古河道带的地下水质量优于河间地带，深层地下水质量常常优于浅层地下水。

### 7.1.3　知识要点

① 地下水的环境现状。

② 人类活动对地下水产生的影响。

③ 地下水的分类。

④ 中国地下水污染程度。

⑤ 地下水污染的防治对策。

## 7.2 酸雨

1872 年英国科学家史密斯分析了伦敦市雨水成分，发现农村雨水中含碳酸铵，酸性不大；郊区雨水含硫酸铵，略呈酸性；市区雨水含硫酸或酸性的硫酸盐，呈酸性。于是史密斯首先在他的著作《空气和降雨：化学气候学的开端》中提出"酸雨"这一专有名词。

酸雨现象是大气化学过程和大气物理过程的综合效应。酸雨中含有多种无机酸和有机酸，其中绝大部分是硫酸和硝酸，多数情况下以硫酸为主。从污染源排放出来的 $SO_2$ 和 $NO_x$ 是形成酸雨的主要起始物质。大气中的 $SO_2$ 和 $NO_x$ 形成硫酸、硝酸和亚硝酸，这是造成降水 pH 值降低的主要原因。

我国的酸雨监测结果表明，全国有 20 个省、自治区、直辖市发现了酸雨，其面积大、酸度低且不亚于欧美各国。具体来说，pH 值低于 5.6 的监测站，约 90% 位于秦岭、淮河一线以南，只有 10% 分布于该线以北的个别城市。在秦岭和淮河一线以南，酸雨正在从点（城市）到面（区域）迅速扩展。降水酸度年平均 pH 值小于 5.0 的地区有四川、贵州、湖南、广西等一大片，皖东南至赣东北、沪杭、沪宁以及浙、闽、粤等沿海一带。部分地点如重庆市、贵阳市的相应 pH 值分别达到 3.55 和 3.44，这与欧美重酸雨区的酸度相当或接近。

### 7.2.1 案例：国子监遭殃

（1）事件描述

北京国子监街孔庙内的"进士题名碑林"（共 198 块）距今已有 700 年历史，上面共镌刻了元、明、清三代 51624 名中第进士的姓名、籍贯和名次，是研究中国古代科举考试制度的珍贵实物资料，已被列为国家级文物重点保护单位。近年来，许多石碑表面因大气污染和酸雨出现了严重腐蚀剥落现象，具有珍贵历史价值的石碑已变得面目皆非。据管理人员介绍，虽然第 198 块进士题名碑距今只有百年的时间，但它的毁损程度也丝毫不亚于其他石碑。实际上，北京其他石质文物如大钟寺的钟刻、故宫汉白玉栏杆和石刻，以及卢沟桥的石狮等，也都不同程度存在着腐蚀或剥落现象。

（2）原因分析

酸雨是通过天然排放源（海洋雾沫、火山爆发、森林火灾和闪电）和人工排放源（燃烧煤炭、石油和汽车尾气）得到初始物质二氧化硫、二氧化氮，然后进行一系列复杂大气化学和大气物理过程形成的酸性降水。

世界文明古迹被破坏是由于其主要成分是石灰岩。石灰岩特别适合被雕刻成塔、经幢、碑牌、文物等，但石灰岩怕酸性物质，当它遇到酸雨后就被腐蚀，变松脆，加速风化。另外，钙化物质覆盖在石头表面，看上去就是黑黑的，很"脏"。酸沉降通过直接化学腐蚀和电化学腐蚀对文物古迹进行破坏，从而造成不可挽回的损失。

（3）影响分析

酸雨能使非金属建筑材料（混凝土、砂浆和灰砂砖）表面硬化的水泥溶解，出现空洞和裂缝，导致强度降低，不仅影响使用寿命，而且危及人身安全。另外，建筑材料变脏、变黑，影响城市市容质量和城市景观，被人们称之为"黑壳"效应。酸雨还可导致土壤加速酸化进程，尽管北方土壤对酸雨有较强的缓冲能力，但土壤中含有大量铝的氢氧化物，土壤酸化后，可加速土壤中含铝的原生和次生矿物风化而释放大量铝离子，形成植物可吸收形态的铝化合物。植物长期和过量地吸收铝，铝的浓度增加，使林木和农作物的养分输送混乱、生长迟缓或完全停止，继而破坏整个森林和农田生态系统，阻碍林业和农业的正常发展。酸雨亦会影响水生态，使水中鱼虾等死亡。

（4）对策分析

① 调整产业结构。调整产业结构，改变产业结构的不合理现象。政府应大力发展对环境污染较小的具有发展潜力的新型工业，改变钢铁、建材、电力等传统产业比重较大的现状。

② 加强管理。制定 $SO_2$ 和 $NO_x$ 控制政策。不断加大环境执法和监督力度，加强对污染源的 $NO_x$ 和 $SO_2$ 排放监测和管理，严格落实 $SO_2$ 和 $NO_x$ 排放总量控制，削减 $SO_2$ 和 $NO_x$ 排放量。

③ 使用清洁能源。改变能源结构，大力发展清洁能源。调整城市燃料构成，开发可以替代燃煤的清洁能源，提高集中供热程度，提高燃煤效率，减少 $SO_2$ 的排放。

④ 加强治理。控制重点企业二氧化硫的排放，加强节能减排技术改造手段，发展循环经济，推行清洁生产，努力降低单位产品能耗和污染物排放强度。另外，加大对机动车尾气排放的限制，控制汽车尾气排放，改进汽车发动机技术，安装尾气净化装置，推广使用清洁燃料，从而达到控制汽车尾气中 $NO_x$ 排放的目的。

⑤ 加强绿化。加强城市绿化，净化城市空气。在城市公共地带尽可能多地种植一些可以吸收空气中 $SO_2$ 和 $NO_2$ 的树木和花草，从而降低城市大气中 $SO_2$ 和 $NO_2$ 的浓度。

（5）类似案例

德国著名的科隆大教堂有两座高 157m 尖塔，但石壁表面已腐蚀得凹凸不平，"酸筋"累累。另外，通向入口处的天使和圣母玛利亚石像剥蚀得已经难以恢复，其中的砂岩（更易腐蚀）石雕近 15 年间甚至腐蚀掉了 10cm。还有，已经进入《世界遗产名录》的印度泰姬陵，由于大气污染和酸雨的腐蚀，大理石失去光泽，乳白色逐渐泛黄，有的变成了锈色。

## 7.2.2 教学活动

（1）酸雨形成来源

酸雨初始物质为二氧化硫和氮氧化物，其来源可分为天然排放源和人工排放源。

① 天然排放源。海洋雾沫带来的一些硫酸溅到空中；土壤中某些机体在分解者作用下转化的二氧化硫；火山爆发喷出的二氧化硫气体；森林火灾导致的硫氧化物排放和闪电导致的空气中氮氧化物形成。

② 人工排放源。工业生产、民用生活燃烧煤炭排放的一氧化硫和二氧化硫，燃烧石油和汽车尾气排放出来的氮氧化物。

酸雨的形成过程，可用以下列类型的化学反应来表示：

a. 硫酸型酸雨的形成过程。

$$S + O_2 \xrightarrow{\text{点燃}} SO_2$$

$$SO_2 + H_2O \longrightarrow H_2SO_3 \text{（亚硫酸）}$$

$$2H_2SO_3 + O_2 \longrightarrow 2H_2SO_4 \text{（硫酸）}$$

总的化学反应方程式：

$$S + O_2 \xrightarrow{\text{点燃}} SO_2$$

$$2SO_2 + 2H_2O + O_2 \longrightarrow 2H_2SO_4$$

b. 硝酸型酸雨的形成过程。氮的氧化物溶于水形成酸：

$$NO \longrightarrow HNO_3 \text{（硝酸）}$$

$$2NO + O_2 \longrightarrow 2NO_2$$

$$3NO_2 + H_2O \longrightarrow 2HNO_3 + NO$$

总的化学反应方程式：

$$4NO + 2H_2O + 3O_2 \longrightarrow 4HNO_3$$

$$NO_2 \longrightarrow HNO_3$$

总的化学反应方程式：

$$4NO_2 + 2H_2O + O_2 \longrightarrow 4HNO_3$$

（2）酸雨防治

① 开发新能源，如氢能、太阳能、水能、潮汐能、地热能等。

② 使用燃煤脱硫技术，减少二氧化硫排放。

③ 工业生产排放气体处理后再排放。

④ 少开车，多乘坐公共交通工具出行。

⑤ 使用天然气等较清洁能源，少用煤。

（3）酸雨危害

① 对林业和农业发展的危害。酸雨对林业和农业发展的危害，主要表现在对树木和农作物的破坏方面。酸雨损害阔叶、针叶植物的表面，降低植株抵抗灾害（如干旱、疾病、虫害和寒冷）的能力，抑制其生长和再生长。土壤长期受到酸雨侵蚀会失去有价值的养分。弱酸性降水可溶解地面土壤中的矿物质，如硫和氮等；酸度过高，会抑制土壤中有机物的分解和氮的固定；酸雨会使土壤中 $Ca^{2+}$、$Mg^{2+}$ 盐基离子发生离子交换，使土壤趋于贫瘠化。

② 对生物生存环境的危害。生物生存环境主要包括水生环境和陆生环境。酸雨对水生生态系统的危害主要是造成水质酸化，使鱼类和其他水生物群落的生存环境发生改变，大量有毒有害物质参与了生物循环。酸雨的沉降还使得重金属溶于水体中，并进入食物链，导致物种数量的减少和生产力下降。酸雨对陆地生态系统的危害，主要体现在对土壤和植物的危害。

③ 对设备、设施及建筑材料的危害。酸雨可腐蚀建筑材料、金属表面和油漆表面等，特别是以大理石和石灰石等岩石为材料的历史建筑物和艺术品。另外，酸雨长期浸润建筑，会腐蚀建筑物的结构，造成建筑物的坍塌。

④ 对人体健康的危害。酸雨主要通过食物和呼吸等方式危害人体健康。干性酸沉降通过呼吸侵入人肺部，诱发肺水肿或直接导致死亡。如果长期生活在含酸沉降物的环境中，诱使人体产生过多的氧化酶，导致动脉硬化、心肌梗死等疾病的发生概率增大。

## 7.2.3 知识要点

① 酸雨的定义、酸雨的组成。

② 酸雨组成的来源。

③ 酸雨形成的机理。

④ 酸雨的危害。

⑤ 酸雨的防治措施。

## 7.3　棕地问题

近代第一个工业时期，西方各国在城市边缘建设了大量的工业区。随着现代城市面积不断扩大，旧工业区逐渐被新建的各种街区所包围，成了城市的一部分。由于这些工业设施对土地的污染，减低了周围地区的环境质量。1950 年开始，欧美一些国家将这些工业区迁出城市，使得城市中心留下了大量的工业旧址。它们被闲置并缺少管理，成为人们避之不及的危险区域。这些负面影响给现代城市的发展带来巨大阻力，导致了 20 世纪末各国开始进行大量相关研究。

"棕地"的概念早在 1980 年美国《环境应对、赔偿和责任综合法》（Comprehensive Envionmental Response，Compensation，and Liability Act，CERCLA）中就已经提出，主要是解决旧工业地上的土壤污染问题。相对成熟的是 1994 年美国环境保护署的定义：棕地是被遗弃、闲置或不再使用的前工业和商业用地及设施，这些地区的扩展或再开发会受到环境污染的影响，也因此变得复杂。

### 7.3.1　案例：棕地

（1）事件描述

某老工业区是国家在一五、二五时期重点建设的工业基地之一。凭借铁路交通枢纽的交通优势，区内集聚了数量众多的以化工、冶金为主导的大型国有企业。

积年累月的化工及冶炼生产也令当地付出巨大的环境代价，工业废水长期威胁着下游城市的饮用水安全。粗放型的过度重工业发展为基地留下了严重的后遗症，也给规划提出了严峻的考验。

（2）原因分析

棕地的成因在于工业区衰退和城市产业结构调整所导致的城市土地价值改变。

一方面，由于城市产业结构退二进三、工业区从城区外迁，使得早期的城市工业区开始衰退并失去利用价值，逐渐成为被废弃、闲置或利用率很低的用地。如美国的奥克兰、洛杉矶等重工业城市地带，由于城市产业转型而使得市内一些大型钢铁工厂倒闭、荒废和闲置，被称为"铁锈地带"。

另一方面，在环保及可持续发展思想的影响下，一些重污染企业也纷纷调整区位或转产，其原厂址也成为棕地。如废弃的加油站、垃圾处理站、货物堆栈和仓库、铁路站场等场所都可能是棕地产生之源。这些地区不少位于城市内部，其破败会对城市的经济、社会、环境等产生不利影响。

（3）影响分析

由于许多棕地位于城市内部，不仅会造成土地闲置、社区衰退、环境污染、生活品质下降、城市破碎等不良后果，还会对城市的经济、社会、环境等造成不利影响。除此以外，"棕地"中的有毒物质渗入地下后，可通过土壤、管道等，缓慢挥发、释放有毒物质，毒性持续可达上百年。而这些毒性对人体危害极大，轻则导致人体中毒，重则诱发癌症，导致婴儿畸形，大大提高了孕妇的流产率。

（4）对策分析

现在棕地治理与开发的主要技术是异位处理以及原位处理。

异位处理即是将污染的土地挖走，不在原地处理。挖出的污染土壤，一是送到水泥厂焚烧制成水泥的原料；二是将其填埋，倒入固体填埋场。不过，异位处理存在许多问题，例如：成本高，挖出及运输工程巨大；安全问题，在运输过程中泄漏扩散可能造成二次污染。

原位处理就是在污染现场进行处理。主要采用一些物理、化学、生物等技术。虽然原位处理的周期长，但与异位处理比较，原位处理所需成本低，其效果明显。

（5）类似案例

2010 年 9~12 月以 W 市为研究区域，采用 NAS 四步法和潜在生态危害指数法对当地棕（褐）地存在的环境风险（人体健康风险和生态风险）进行评价。结果显示，当地棕（褐）地对附近居民中的成人产生的健康风险中致癌风险为 $7.06 \times 10^{-8}$，非致癌风险为 $1.21 \times 10^{-1}$，对儿童产生的健康风险中致癌风险为 $1.16 \times 10^{-7}$，非致癌风险为 $5.67 \times 10^{-2}$，已接近风险可接受水平，其中重金属 Pb 和 Cr 在非致癌风险评价中贡献率较大；棕（褐）地对周围环境产生的生态风险已处于中度危害水平，重金属 Cd 产生的生态风险最为严重；在当地四大城市发展模块中，市东新城存在的环境风险最大。

## 7.3.2　教学活动

（1）棕地分类

为了更好地研究棕地治理问题，需要对棕地进行分类。

① 按土地症状分。根据土地表现出的不同症状，棕地可被划分为疑似棕地与实事棕地。疑似棕地是指虽然经过专家评估但其存在症状仍然未能被判定是否符合棕地标准的土地；实事棕地则是指已经过专家评估且存在症状已被确诊为符合棕地判定标准的土地。

② 按污染源分。根据污染源的不同，棕地可分为物理性棕地、化学性棕地与

生物性棕地。物理性棕地是由埋藏在地下的有害固体物质造成的，如铅、汞等重金属污染物、医疗垃圾；化学性棕地是由化学物质造成的，对人类、动植物存在危害，由于一些化学物质的特性，它们对环境的危害不是立即表现出来，有的需要经历较长的时间才能显现；生物性棕地是由于在分解动植物的尸体中，产生了气体或物质，它们对环境或建筑物有一定的危害。

③ 按治理与开发目的分。根据不同的治理与开发目的，棕地可分为工业性棕地、商业性棕地、住宅性棕地与公众性棕地。工业性棕地是指适合开发成工业用地的棕地；商业性棕地是指适合开发成商业场所的棕地；住宅性棕地是指适合开发成居住用地的棕地；公众性棕地则是指可综合开发成公众设施用地的棕地。

④ 根据污染程度不同，棕地可分为：轻度污染棕地、中度污染棕地和重度污染棕地。

（2）棕地特征

① 棕地是已经开发过的土地。

② 棕地部分或全部遭废弃、闲置或无人使用。

③ 棕地可能受到（工业）污染。

④ 棕地的重新开发与再次利用可能存在各种障碍。

（3）棕地治理与再开发的意义

棕地存在于城市内部会造成土地闲置、环境污染、失业率上升、城市景观破碎等问题，对城市的经济、社会、环境等产生不利影响。棕地的治理与再开发是城市可持续发展与城市复兴的必然。棕地治理与再开发可以缓解土地利用压力，节约利用土地，刺激经济增长；棕地经过治理以后，可以被开发成各种用途的用地，包括公园广场、展览馆、商业区、办公区和住宅区等，这样使土地达到再生性循环使用。

（4）棕地治理与开发相关政策

① 美国棕地的政策。美国是棕地治理方面最积极的倡导者和实施者，其棕地再开发的成功与美国政府的大力扶持有很大关系。美国早期制定了有关棕地的第一部法律——《环境应对、赔偿和责任综合法》（简称《超级基金法》），它是美国有关棕地治理方面的重要依据。美国在棕地治理方面一般按以下程序：首先通过现场调查，对污染的土地进行初步评价，再通过危险定级系统对棕地进行评分排名，然后分高者将被列入全国优先名册，再确认污染程度，制定有关污染修复的方案，最后是污染修复设计的实施阶段。此外，美国的棕地再开发得到了政府和多方利益群体的支持，他们在棕地的开发中形成了密切的合作关系，从上至下形成了良好的运行机制。

② 欧盟的治理对策。在欧盟的众多国家里,丹麦和荷兰是最早制定有关污染土地和法律的国家,此后欧盟的许多国家针对自身的土地问题制定了相应的法律和政策。总的来说欧盟对棕地的治理采取预防和修复集中治理的方法,在政府、私营企业和公众三方的协作中,政府制定宏观政策,私营企业通过政府制定的政策发挥其作用,再结合公众的意愿和力量进行开发,形成一条完整的开发链。

③ 加拿大的治理对策。由于加拿大特殊的地理气候条件,所以并没有经历类似美国的郊区化过程,其城市中心的居住密度大,土地需求也大,直接刺激了对棕地的再开发过程。加拿大在棕地治理方面制定了一系列的政策、方针和立法,在政府、开发商及公众三方的合作下,成功完成了很多有关棕地再开发的项目。

④ 日本的治理对策。早在 1975 年,日本东京曾经发生比较严重的铬渣污染事件,随后棕地问题不断出现。2002 年日本颁布了一部在棕地治理过程中起着重要作用的法律——《土壤污染对策法》,这部法律的实施,使土地污染和治理措施转变为一种主动的、新型的服务业。日本的棕地治理遵循以下模式:出现污染—立案—依法进行监测—公布监测以及治理结果—进行跟踪监测、趋势分析、制定防止对策。

我国正处于城市化的快速发展阶段,棕地问题越来越显著,且对于棕地的研究仅处于探索阶段;国外对棕地的研究相对于我国要早很多,且棕地的再开发政策更加完善。因此,我国棕地再开发过程中出现的问题可以借鉴国外经验并结合我国特点提出解决方案。

### 7.3.3 知识要点

① 棕地定义及产生原因。
② 棕地分类及其特征。
③ 棕地的危害及其治理措施。

## 参考文献

[1] 张君,回增明.河北"红色井水"再调查 [N].民主与法制时报,2013-4-15.

[2] 张天立.酸沉降对城市建筑、文化遗产的破坏与防治对策 [J].现代城市,2013,8(2):8-11.

[3] 田海军,宋存义.酸雨的形成机制·危害及治理措施 [J].农业灾害研究,2012,2(5):20-22.

［4］　齐峰、李烨、杨卫芳.北方城市酸雨形成过程的影响因素及防治对策分析［J］.环境与可持续发展，2011，36（5）：42-45.

［5］　刘迪，孙娟，刘璟.结合棕地治理与改造的规划编制研究：以株洲清水塘老工业区控规为例［J］.城市规划学刊，2014（1）：99-105.

［6］　林佳佳，王维，居婕，等.无锡市锡山区棕（褐）地环境风险评价研究［J］.中国环境科学，2013，33（4）：748-753.

［7］　李艳岩.棕地治理法律问题研究［A］//中国环境资源法学研究会、新疆大学、新疆维吾尔自治区环境保护厅、乌鲁木齐市中级人民法院.生态文明的法治保障：2013年全国环境资源法学研讨会（年会）论文集［C］，2013：5.

［8］　薛春路，周伟，郑新奇.国外棕地治理与再开发政策对我国棕地利用的启示［J/OL］.资源与产业，2012，14（3）：141-146.

［9］　赵菲菲，许月卿，李艳华.棕地再开发国内外比较研究［J］.国土与自然资源研究，2014（3）：14-18.

# 8　水污染控制技术应用案例

　　污水根据其来源一般可以分为生活污水、工业废水、初期污染雨水及城镇污水。其中，城镇污水是指由城镇排水系统收集的生活污水、工业废水及部分城镇地表径流（雨雪水），是一种综合污水。

　　污水所含的污染物质成分复杂，可通过分析检测方法对污染物质作出定性、定量的评价。污水污染指标一般可分为物理性质、化学性质和生物性质三类。物理性质的污染指标主要有温度、色度、臭和味、固体物质等。化学性质的污水指标可分为有机物指标和无机物指标。生物性质的污水指标主要有细菌总数、大肠菌群和病毒。

　　天然水体是人类的重要资源，为了保护天然水体的质量，不因污水的排入而导致恶化甚至破坏，在水环境管理中需要控制水体水质分类达到一定的水环境标准要求。我国目前水环境质量标准主要有《地表水环境质量标准》（GB 3838—2002）、《海水水质标准》（GB 3097—1997）、《地下水质量标准》（GB/T 14848—2017）。

## 8.1　有机废水处理案例

　　有机废水一般是指由造纸、皮革及食品等行业排出的有机物浓度在 2000mg/L 以上的废水。这些废水中含有大量的碳水化合物、脂肪、蛋白质、纤维素等有机物，如果直接排放，会造成严重污染。有机废水按其性质可分为三大类：

　　① 易于生物降解的有机废水；

　　② 可生物降解但含有害物质的有机废水；

　　③ 难生物降解并含有害物质的有机废水。

　　污水生物处理是指微生物在酶的催化作用下，利用微生物的新陈代谢功能，对污水中的污染物质进行分解和转化。微生物可以利用污水中的大部分有机物和部分无机物作为营养，这些可被微生物利用的物质，通常称之为底物或基质。处理过程中有机物的生物降解实际上就是微生物将有机物作为底物进行分解代谢获取能量的过程。

### 8.1.1　案例：厌氧浮动生物膜反应器处理高浓度有机废水

（1）事件描述

厌氧浮动生物膜反应器（AFBBR）是集 AF（厌氧滤池）和 UASB（升流式厌氧污泥床）为一体的新型装置。因其内装有 50%（体积分数）的悬浮填料，在处理高浓度有机废水的过程中，填料浮在上部，形成了一种底部是污泥床，上部是厌氧滤池的体系，在处理高浓度有机废水试验中显示出处理能力大、效率高的特性。

（2）原因分析

① 在试验条件下，当容积负荷增高时，AFBBR 的去除负荷（以 COD 计）[kg/(m$^3$・d)]增高，显示了强大的处理能力。

② AFBBR 表现出较高的抗冲击负荷特性，这与该反应器的特点有关，该反应器上部悬浮填料起到过滤器的作用，在负荷冲击时可以防止大量污泥流失，有利于反应器性能的迅速恢复。

③ 在反应器遭到冲击负荷后，采取适当的搅拌和污泥回流措施可避免反应器内挥发酸过度积累并稳定反应器内生物量，有利于反应器性能的迅速恢复。

（3）影响分析

① 好氧预挂膜显著改变了载体表面性能，有利于厌氧菌的附着、生长，缩短反应器的挂膜时间。

② 厌氧浮动生物膜反应器缓冲能力大，抗冲击负荷能力强，无堵塞与污泥流失的问题。

（4）对策分析

① 厌氧浮动生物膜反应器处理高浓度有机废水，在常温下取得了良好效果。在容积负荷（以 COD 计）为 5.38～20.62kg/(m$^3$・d)、水力停留时间为 0.98d 时，COD 去除率最高达到 98.54%，平均为 90.4%。

② 厌氧浮动生物膜反应器内微生物浓度高，活性强，存在悬浮与附着生长的微生物系统，并有其各自的优势菌种。

（5）类似案例

好氧生物膜法是与活性污泥法并列的一种污水好氧生物处理法。实质是使细菌、真菌、原生动物、后生动物等微生物附着在滤料或某些载体上生长繁育，并在其上形成膜状生物污泥——生物膜。与传统法处理污水相比，膜生物反应器出水水质好，用超微滤膜组件取代二次沉淀池可以使生物反应器获得比普通活性污泥法更高的生物浓度，提高了生物降解能力，处理效果好；同时膜分离后出水质量高；工艺参数易于控制，膜生物反应器内可以实现污泥停留时间（SRT）和水力停留时间（HRT）的完全分离。通过控制较长的 SRT，可以使世代时间较长的硝化菌得以富集，提高硝化效果；同时膜分离也使废水中那些大分子、颗粒状难降解的成分在有限体积的生物反应器中有足够的停留时间，从而达到较高的去除率。由于生物反应器内污泥浓度高，容积负荷可大大提高，生物反应器体积大大减小，节约占地面积。

### 8.1.2 教学活动

（1）有机废水来源

在生活污水、食品加工和造纸等工业废水中，含有碳水化合物、蛋白质、油脂、木质素等有机物质。这些物质以悬浮或溶解状态存在于污水中，可通过微生物的生物化学作用分解。在其分解过程中需要消耗氧气，因而被称为耗氧污染物。这种污染物可造成水中溶解氧减少，影响鱼类和其他水生生物的生长。水中溶解氧耗尽后，有机物进行厌氧分解，因产生硫化氢、氨和硫醇等而散发出难闻气味，使水质恶化。水体中有机物成分非常复杂，耗氧有机物浓度常用单位体积水中耗氧物质生化分解过程中所消耗的氧量表示。

（2）有机废水水质特点

① 有机物浓度高。COD 一般在 2000mg/L 以上，有的甚至高达几万乃至几十万毫克每升，相对而言，BOD 较低，很多废水 BOD 与 COD 的比值小于 0.3。

② 成分复杂。含有毒性物质废水中有机物以芳香族化合物和杂环化合物居多，还多含有硫化物、氮化物、重金属和有毒有机物。

③ 色度高，有异味。有些废水散发出刺鼻恶臭，给周围环境造成不良影响。

④ 具有强酸强碱性。工业产生的有机废水中，酸、碱类众多，往往具有强酸或强碱性。

⑤ 不易生物降解。有机废水中所含的有机污染物结构复杂，如萘环是由 10 个碳原子组成的离域共轭键，结构相当稳定，难以降解。这类废水中的 $BOD_5/COD$ 值极低，生化性差，且对微生物有毒性，难以用一般的生化方法处理。

（3）有机废水处理技术

物化法常作为一种预处理的手段应用于有机废水处理，预处理的目的是通过回收废水中的有用成分，或对一些难生物降解物进行处理，从而去除有机物，提高生化性，降低生化处理负荷，提高处理效率。一般常用的物化法有萃取法、吸附法、浓缩法、超声波降解法等。

① 萃取法。在众多的预处理方法中，萃取法具有效率高、操作简单、投资较少等特点。特别是基于可逆络合反应的萃取分离方法，对极性有机稀溶液的分离具有高效性和选择性，在难降解有机废水的处理方面具有广阔的应用前景。

溶剂萃取法利用难溶或不溶于水的有机溶剂与废水接触，萃取废水中的非极性有机物，再对负载后的萃取剂进一步处理。为了避免有机溶剂对环境的污染，又开发了超临界二氧化碳萃取法。该方法简单易行，适于处理有回收价值的有机物，但只能用于非极性有机物，被萃取的有机物和萃取后的废水需要进一步处理，有机溶剂还可能造成二次污染。萃取只是一个污染物的物理转移过程，而非真正的降解。

由清华大学开发的萃取-反萃取体系，可以应用于多种染料与中间体废母液的资源回收，对染料中间体的回收率达 90% 以上，脱色效果也达到同样水平，正在逐步推广于染料废水的治理工程中。

② 吸附法。吸附剂的种类很多，有活性炭、大孔树脂、活性白土、硅藻土等。

在有机废水中常用的吸附剂有活性炭和大孔树脂。虽然活性炭具有较高的吸附性，但由于再生困难、费用高而在国内较少使用。例如将活性炭投加到难降解染料废水的试验容器中，当活性炭的投加浓度为 200mg/L 时，色度的去除率为 77%；而投加质量浓度增加到 400mg/L 时，色度的去除率达到 86%。

③ 浓缩法。浓缩法是利用某些污染物溶解度较小的特点，将大部分水蒸发使污染物浓缩并分离析出的方法。浓缩法操作简单，工艺成熟，并能实现有用物质的部分回收，适合于处理含盐有机废水。该法的缺点是能耗高，如有废热可用或可降低能耗，则该法是可行的。

④ 超声波降解法。采用超声波降解水体中有机污染物，尤其是难降解有机污染物，是 20 世纪 90 年代兴起的新型水污染控制技术。该技术利用超声辐射产生的空化效应，将水中的难降解有机污染物分解为环境可以接受的小分子物质，不仅操作简便、降解速度快，还可以单独或与其他水处理技术联合使用，是一种极具产业前景的清洁净化方法。它集高级氧化技术、焚烧、超临界水氧化等多种水处理技术特点于一身，具有反应条件温和、速度快、适用范围广等特点，具有很大的发展潜力。超声波能在水中引起空化，产生约 4000K 和 100MPa 的瞬间局部高温高压环境（热点），同时以约 110m/s 的速度产生强的微射流和冲击波。水分子在热点达到超临界状态，并分解成羟基自由基、超氧基等，羟基自由基是目前所发现的最强的氧化剂。有机物在热点发生化学键断开、水相燃烧、高温分解、超临界水氧化、自由基氧化等变化。这些效应加上声场中的质点振动、次级衍生波等，为有机物提供了其他方法难以达到的多种降解途径。

（4）有机废水的利用

柠檬酸、酒精、造纸厂等工业生产中治理"三废"所需的费用越来越高。

要从根本上消灭污染，关键是要对产生污染的每一个环节和步骤进行认真分析和研究，把污染消灭在工艺生产过程中，实现清洁生产。另外，要大力开发废物的综合利用技术，增加企业的经济效益，保证企业的竞争优势。这里讨论的"三废"主要指其中的有机废水。工业有机废水来源很多，主要来自制糖、柠檬酸、酒精、造纸、养殖等行业，这些行业处理污水的主流方式是采用生化法进行处理，处理过程中产生大量沼气。根据估算，每生产 1t 柠檬酸可产生大约 225m³ 沼气，其中甲烷含量可达 60% 左右。这种沼气用于发电是一种非常好的燃料，每立方米沼气可以发 1.7kW·h 电，效益非常可观。生产 1t 酒精可产生 300m³ 沼气，甲烷含量可达 70%，热值更高。其他行业类同，产生的沼气量都很可观。

### 8.1.3 知识要点

① 有机废水的定义及其组成。
② 污水的来源、分类。
③ 有机废水水质的特点。
④ 检测污水污染指标的分类。
⑤ 处理有机废水的技术有哪些？分析利弊。

## 8.2 重金属废水处理案例

随着经济的快速发展，废水的大量排放，土壤和水源中重金属积累的加剧，重金属的污染也日益严重。重金属可通过食物链而生物富集，对生物和人类的健康造成严重威胁。如何有效地治理重金属污染已成为人类共同关注的问题。

重金属废水是指矿冶、机械制造、化工、电子、仪表等工业生产过程中排出的含重金属的废水。重金属（如含镉、镍、汞、锌等）废水是对环境污染最严重和对人类危害最大的工业废水之一，其水质水量与生产工艺有关。废水中的重金属一般不能被分解破坏，只能转移其存在位置和转变其物化形态。

我国水体重金属污染问题十分突出，江河湖库底质的污染率高达 80.1%。2003 年，黄河、淮河、松花江、辽河等十大流域的流域片重金属超标断面的污染程度均为超 V 类。2004 年，太湖底泥中总铜、总铅、总镉含量均处于轻度污染水平。黄浦江干流表层沉积物中 Cd 含量超背景值 2 倍，Pb 含量超 1 倍，Hg 含量明显增加；苏州河中 Pb 含量全部超标，Cd 含量为 75％超标，Hg 含量为 62.5％超标。城市河流有 35.11％的河段出现总汞超过地表水 Ⅲ 类水体标准，18.46％的河段面总镉含量超过 Ⅲ 类水体标准，25％的河段有总铅含量的超标样本出现。葫芦岛市乌金塘水库钼污染问题严重，钼浓度最高超标准值 13.7 倍。由长江、珠江、黄河等河流携带入海的重金属污染物总量约为 3.4 万吨，对海洋水体的污染危害巨大。全国近岸海域海水采样品中铅含量的超标率达 62.9％，最大值超一类海水标准 49.0 倍；铜含量的超标率为 25.9％，汞和镉的含量也有超标现象。大连湾 60％监测站沉积物的镉含量超标，锦州湾部分监测站排污口邻近海域沉积物锌、镉、铅的含量超过第三类海洋沉积物质量标准。国外同样存在水体重金属污染问题，如波兰由采矿和冶炼废物导致约 50％的地表水达不到水质 Ⅲ 级标准。

## 8.2.1 案例：生物吸附

（1）事件描述

重金属一般以天然浓度广泛存在于自然界中，但由于人类对重金属的开采、冶炼、加工及商业制造活动日益增多，造成不少重金属如铅、汞、镉等进入大气、水、土壤中，引起严重的环境污染。以各种化学状态或化学形态存在的重金属，在进入环境或者生态系统后就会存留、累积和迁移，造成危害。如随废水排出的重金属，即使浓度小，也可在藻类和底泥中累积，被鱼和贝的体表吸附，产生食物链浓缩，从而造成公害。如日本的水俣病，就是因为烧碱制造工业排放的废水中含有汞，再经生物作用变成有机汞后造成的；又如痛痛病，是由炼锌工业和镉电镀工业所排出的镉所致。

（2）原因分析

重金属是对生态环境危害极大的一类污染物，其进入环境后不能被生物降解，而往往是参与食物链循环并最终在生物体内积累，破坏生物体正常生理代谢活动，危害人体健康。

重金属的毒理毒性特点表现为：

① 在天然环境中长期存在，毒性长期持续。

② 某些重金属在微生物作用下可转化为毒性更强的金属有机化合物。

③ 通过生物富集浓缩，参与食物链循环，在生物内积累，破坏生物体正常生理代谢活动，危及人类，生物富集倍数可高达成千上万倍，成为重金属污染的突出特点。

④ 重金属无论用何种处理方法都不可能降解，只会改变其化合价和化合物

种类。

⑤ 即使浓度很低，重金属也可以产生毒性，一般重金属产生毒性范围是 $1.0\sim10mg/L$，毒性较强的重金属如汞、镉等毒性范围在 $0.001\sim0.1mg/L$。

（3）影响分析

如何有效地处理重金属废水、回收贵重金属已成为环保领域中的一个突出问题，利用生物技术，即利用微生物、动植物体进行污染物修复或治理是当前重金属污染治理研究的主流方向。而生物吸附法是近年来一种崭新的处理含重金属废水的方法，是利用某些生物本身的化学结构及成分特性吸附溶于水中的金属离子，再通过固液两相分离来去除溶液中金属离子的方法。

环境中的重金属具有长期性和非移动性等特性，对生物及人类产生的不利影响已被研究所证实。生物吸附主要是生物体细胞壁表面的一些具有金属络合、配位能力的基团起作用，如羧基、羟基等基团。这些基团通过与吸附的金属离子形成离子键或共价键来达到吸附金属离子的目的。与此同时，金属有可能通过沉淀或晶体化作用沉淀于细胞表面，某些难溶性金属液可能被胞外分泌物或细胞壁的腔洞捕获而沉积。由于生物吸附与生物的新陈代谢作用无关，因此将细胞杀死后，经过一定的处理，使其具有一定的粒度、硬度及稳定性，以便于储存、运输和实际应用。

（4）对策分析

人类社会的发展创造了前所未有的文明，但同时也带来许多生态环境问题。由于人口的快速增长，自然资源的大量消耗，全球环境状况急剧恶化，如水资源短缺、土壤荒漠化、有毒化学品污染、臭氧层破坏、酸雨肆虐、物种灭绝、森林减少等，人类面临着严峻的挑战。环境生物技术担负着重大使命，并且作为一种行之有效、安全可靠的手段和方法，起着核心的作用。

（5）类似案例

植物修复是利用植物去除环境中污染物的技术，是近十年刚兴起的，近几年逐渐成为生物修复中的一个研究热点。很多研究表明，适当的植物不仅可去除环境的有机污染物，还可去除环境中的重金属和放射性同位素，并且植物修复适用于大面积的污染位点。

## 8.2.2 教学活动

（1）重金属废水处理原则

废水中的重金属是各种常用方法不能分解破坏的，而只能转移它们的存在位置和转变它们的物理和化学形态。例如，经化学沉淀处理后，废水中的重金属从溶解的离子状态转变成难溶性化合物而沉淀下来，从水中转移到污泥中；经离子交换处理后，废水中的金属离子转移到离子交换树脂上；经再生后又从离子交换树脂上转移到再生废液中。总之，重金属废水经处理后形成两种产物，一是基本上脱除了重金属的处理水，二是重金属的浓缩产物。重金属浓度低于排放标准的处理水可以排放；如果符合生产工艺用水要求，最好回用。浓缩产物中的重金属大都有使用价值，应尽量回收利用；没有回收价值的，要加以无害化处理。

重金属废水的治理，必须采用综合措施。首先，最根本的是改革生产工艺，不用或少用毒性大的重金属；其次是在使用重金属的生产过程中采用合理的工艺流程和完善的生产设备，实行科学的生产管理和运行操作，减少重金属的耗用量和随废水的流失量；在此基础上对数量少、浓度低的废水进行有效的处理。重金属废水应当在源头就地处理，不与其他废水混合，以免使处理复杂化，更不应当不经处理直接排入城市下水道，同城市污水混合进入污水处理厂。如果用含有重金属的污泥和废水作为肥料和灌溉农田，会使土壤受污染，造成重金属在农作物中积蓄。在农作物中富集系数最高的重金属是镉、镍和锌，而在水生生物中富集系数最高的重金属是汞、锌等。

(2) 重金属处理方法

可分为两类：一是使废水中呈溶解状态的重金属转变成不溶的重金属化合物或元素，经沉淀和上浮从废水中去除，可应用中和沉淀法、硫化物沉淀法、上浮分离法、离子浮选法、电解沉淀或电解上浮法、隔膜电解法等；二是将废水中的重金属在不改变其化学形态的条件下进行浓缩和分离，可应用反渗透法、电渗析法、蒸发法、离子交换法、活性炭吸附法等。第一类方法特别是中和沉淀法、硫化物沉淀法和电解沉淀法应用最广。从重金属废水回用的角度看，第二类方法比第一类优越，因为用第二类方法处理，重金属是以原状浓缩，不添加任何化学药剂，可直接回用于生产过程。而用第一类方法处理，重金属要借助于多次使用的化学药剂，经过多次的化学形态的转化才能回收利用。一些重金属废水如电镀漂洗水用第二类方法回收，也容易实现闭路循环。但是第二类方法受到经济和技术上的一些限制，目前还不适于处理大流量的工业废水如矿冶废水。这类废水仍以化学沉淀为主要处理方法，并沿着有利于回收重金属的方向改进。

电解沉淀法：比较广泛地用于处理含氰的重金属废水。以电解氧化使氰分解和使重金属形成氢氧化物沉淀的方式去除废水中的氰和重金属。硫化汞废渣用电解法处理能高效地回收纯汞或汞化物。

上浮分离法：废水中的重金属氢氧化物和硫化物还可用鼓气上浮法去除，其中以加压溶气上浮法最为有效。电解上浮法能有效地处理多种重金属废水，特别是含有重金属配合物的废水。这是因为在电解过程中能将重金属配合物氧化分解生成重金属氢氧化物，它们能被铝或铁阳极溶解形成的活性氢氧化铝或氢氧化铁吸附，在共沉作用下完全沉淀。废水中的油类和有机杂质也能被吸附，并借助阴极上产生的细小氢气泡浮上水面。此法处理效率高，在电镀废水处理中往往作为中和沉淀处理后的进一步净化处理措施。

离子浮选法：往重金属废水中投加阴离子表面活性剂，如黄原酸钠、十二烷基苯磺酸钠、明胶等，与其中的重金属离子形成具有表面活性的配合物或螯合物。不同的表面活性剂对不同的金属离子或同一种表面活性剂在不同的 pH 值等条件下，对不同的重金属离子具有选择配合性，从而可对废水中的重金属进行浮选分离。此法可用于处理矿冶废水。

离子交换法：废水中的重金属如果以阳离子形式存在，用阳离子交换树脂或其他阳离子交换剂处理；如果以阴离子形式存在，如氯碱工业的含汞废水中的氯化汞配合阴离子 $(HgCl_4)^{2-}$，氰化电镀废水中的重金属氰化配合阴离子 $Cd(CN)^+$、$Cu(CN)$，含铬废水中的铬酸根阴离子 $CrO^-$，则用阴离子交换树脂处理。

活性炭吸附法：活性炭能在酸性（pH 值 2～3）条件下从低浓度含铬废水中有效地去除铬。含硫活性炭能有效地去除废水中的汞。活性炭还可用于处理含锌和铜的电镀废水。活性炭能吸附 $CN^-$，并在有 $Cu^{2+}$ 和 $O_2$ 存在的条件下使 $CN^-$ 氧化，从而使吸附 $CN^-$ 的部位得到再生。

隔膜电解法：主要有电渗析和反渗透法。电渗析的特点是浓缩倍数有限，须经多级电渗析处理，才能把废水中有用物质浓缩到可回用的程度。反渗透法用于处理镀镍、镀铜、镀锌、镀镉等电镀漂洗废水。对镍、铜、锌、镉等离子的去除率大都大于 99%。因此重金属废水通过反渗透处理就能浓缩和回用重金属，反渗透水（产水）质量好时也可回用。

## 8.2.3 知识要点

① 重金属废水的定义。

② 重金属污染的特点表现。

③ 我国水体重金属污染问题现状。

④ 处理重金属废水的技术有哪些？分析利弊。

## 8.3　城镇生活污水处理案例

随着社会的快速发展，城镇化水平不断提高，城镇污水排放量持续增加，科学合理地处理好城镇污水的出路是生态环境可持续发展的重要保障。与城镇供水量几乎相等的城镇污水中，经城镇污水处理厂处理后的出水水质相对稳定，不受季节、洪枯水等因素影响，是可靠的潜在水资源，经适当的深度处理后回用于水质要求较低的市政用水、工业冷却水等，是解决城镇资源短缺的有效途径。

由城市排水管网收集的污水称为城市污水，由居住区等区域排出的生活污水和城市排水系统集水范围内工业、企业污水组成，在雨季还包括雨水。这类污水的水质特点是含有较高的有机物，如淀粉、蛋白质、油脂等，以及氮、磷等无机物，此外，还含有病原微生物和较多的悬浮物。相比较于工业废水，生活污水的水质一般比较稳定，浓度较低。在合流制排水系统中城市污水包括雨水，在半分流制的排水系统中包括初期雨水。在城市污水中，生活污水与生产污水所占的比例视城市不同而异。城市污水的污染指标，污染物质组成、形成及含量也因城市的不同而异。城市污水处理的水源为城市污水。国内外的实践经验表明，高效的城市污水处理是最基本和最重要的水污染控制手段。

污水的再生处理是以污水的再利用为目的而对其进行的处理。城市污水是水质、水量稳定，供给可靠的水资源，经过适当再生处理，可以被重复利用。城市污水的再生利用对水污染防治、实现城市污水资源化，以及城市建设和经济的可持续发展具有重要的意义。

### 8.3.1　案例：污水回用

（1）事件描述

大港油田集团公司污水深度处理回用工程项目，用以解决该公司热电厂、煅烧焦和聚丙烯三大兴建项目的用水问题。采油污水处理达标后与生活污水混合经过水解-曝气生物滤池-混凝沉淀过滤工艺的预处理，再采用"双膜法"污水深度处理技术，出水可用于热电厂锅炉补给水、煅烧焦和聚丙烯项目工艺用水。

（2）原因分析

① 与其他用途的锅炉不同，注汽锅炉产生的蒸汽干度较低，一般在80%左右，蒸汽压力在30MPa左右。

② 有优先强化及分段强化两个阶段。优先强化指的是在前段进行去油处理，

在后段进行过滤处理。前段的去油处理一般应用斜板隔油池、调节池及气浮池，同时加入一定的处理药剂，把大量的悬浮物、油、化学需氧量等除去，并且可以去除部分硫化物及亚铁离子。分段强化就是在前部去油基础上，进一步去除油、悬浮物和总铁。

（3）影响分析

① 大量的采油废水经处理后达到工艺要求后回用，不但避免无效回灌对地层及地下水系造成的不必要的影响，减少环境污染，而且能够使用污水中的热能，减少锅炉的能源损耗，并且减少水资源消耗，有助于延缓当地供水紧缺问题。

② 膜技术的大规模应用为水处理行业带来发展前景，用超滤与反渗透相结合的方法作为双膜处理的中心，替换了以往离子互换的模式，可将多余的含油污水深度处理后回用注汽锅炉给水，实现水的循环利用。

（4）类似案例

辽河油田污水回用锅炉处理工程现有 7 座，总设计规模为 $8.1 \times 10^4 \, m^3/d$，污水回用热采锅炉共 160 台，污水回用热采锅炉注汽量共 $4.5 \times 10^4 \, m^3/d$。辽河油田根据自身稠油污水的特点，确定了污水深度处理的典型流程。由于药剂除硅运行成本较高，而且容易导致后续工艺结垢，因此辽河油田开始试用不除硅污水回用锅炉水处理技术。首先通过锅炉平稳运行控制技术，保证锅炉压力、温度及干度稳定，确保锅炉平稳运行，然后利用水质控制技术，将二级大孔弱酸树脂更换为新型树脂，深度去除微量二价或三价钙、镁、铁等结垢离子，出水浓度控制在 $20 \times 10^{-9}$ 以下。在锅炉安全运行的前提下，可以提高污水回用锅炉的二氧化硅浓度，甚至不除硅。

## 8.3.2 教学活动

（1）城镇生活污水危害

① 病原物污染。主要来自城市生活污水、医院污水、垃圾及地面径流等方面。病原微生物的特点是：a. 数量大；b. 分布广；c. 存活时间较长；d. 繁殖速度快；e. 易产生抗性，很难消灭；f. 传统的二级生化污水处理及加氯消毒后，某些病原微生物、病毒仍能大量存活，此类污染物实际上可通过多种途径进入人体，并在体内生存，引起人体疾病。

② 需氧有机物污染。有机物的共同特点是这些物质直接进入水体后，通过微生物的生物化学作用而分解为简单的无机物质二氧化碳和水，在分解过程中需要消耗水中的溶解氧，在缺氧条件下污染物就发生腐败分解、恶化水质，常称这些有机物为需氧有机物。水体中需氧有机物越多，耗氧也越多，水质也越差，说明水体污

染越严重。

③ 富营养化污染。富营养化是一种氮、磷等植物营养物质含量过多所引起的水质污染现象。水生生态系统的富营养化能通过化学污染物由两种途径发生：一种是通过正常情况下限定植物的无机营养物质的量的增加；另一种是通过作为分解者的有机物的增加。

④ 恶臭。恶臭是一种普遍的污染危害，它也发生于污染水体中。人能嗅到的恶臭多达 4000 多种，危害大的有几十种。恶臭的危害表现为：a.妨碍正常呼吸功能，使消化功能减退；精神烦躁不安，工作效率降低，判断力、记忆力降低；长期在恶臭环境中工作和生活会造成嗅觉障碍，损伤中枢神经、大脑皮层的兴奋和调节功能。b.某些水产品染上了恶臭无法食用、出售。c.恶臭水体不能游泳、养鱼、饮用，而破坏了水的用途和价值。d.产生硫化氢、甲醛等毒性气体。

⑤ 酸、碱、盐污染。酸、碱污染使水体 pH 发生变化，破坏其缓冲作用，消灭或抑制微生物的生长，妨碍水体自净，还可腐蚀桥梁、船舶、渔具。酸与碱往往同时进入同一水体，中和之后可产生某些盐类，从 pH 值角度看，酸、碱污染因中和作用而自净了，但产生的各种盐类，又成了水体的新污染物。因为无机盐的增加能提高水的渗透压，对淡水生物、植物生长有不良影响，在盐碱化地区，地面水、地下水中的盐将进一步危害土壤质量。

⑥ 地下水硬度升高。高硬水，尤其是永久硬度高的水的危害表现为多方面：难喝；可引起消化道功能紊乱、腹泻、孕妇流产；对人们日用不便；耗能多；影响水壶、锅炉寿命；锅炉结垢，易造成爆炸；需进行软化、纯化处理，酸、碱、盐流失到环境中又会造成地下水硬度升高，形成恶性循环。

⑦ 有毒物质污染。有毒物质污染是水污染中特别重要的一大类，种类繁多，但共同的特点是对生物有机体的毒性危害。

（2）城镇生活污水处理

我国的污水处理产业起步较晚，改革开放之后，经济的快速发展，人民生活水平的显著提高，加快了对污水处理的需求。进入 20 世纪 90 年代后，我国污水处理产业进入快速发展期，污水处理需求的增速远高于全球水平。1990 年以来，全球污水处理表观消费量以年均 6% 的速度增长，而 90 年代的十年间，我国污水处理表观消费量年均增长率达到 17.73%，是世界年均增长率的 2.9 倍。进入 21 世纪，我国污水处理产业高速增长。

① 人口增加，污水增多。在我国，随着城市人口的增加和工农业生产的发展，污水排放量也日益增加，水体污染相当严重，而且几乎遍及全国各地。到 2000 年

底，全国设市的 663 个城市中有 310 个建有污水处理设施，建设污水处理厂 427 座，年污水处理量 113.6 亿立方米，污水处理率只有 34.23%。

② 加快发展，急需资金。在社会主义市场经济条件下，污水处理是从一定量的资金投入开始的。污水处理资金的规模决定着污水处理的规模。污水处理资金自身的发展速度决定着污水处理发展的速度和污水处理技术进步的速度。现实的污水处理中，技术先进、处理费用低的决策方案通常是预付资金量较大的方案。从这个意义上说，资金自身的发展速度越快，污水处理技术的进步和应用才能越快，污水处理也才能越快。

③ 处理资金，来源困难。

④ 难题破解。

a. 加大财政拨款力度。城市污水处理资金的一部分，在社会主义市场经济条件下，还必须由政府给予必要的补助，原因是多方面的。主要有以下三个方面：一是污水处理普遍存在着价格需求弹性较小的状况，其收费制定必须考虑居民的承受能力，而不能依靠竞争价格来完全地解决设施建设和企业发展问题；二是污水处理提供的服务具有公共性，许多设施的使用难以计算，使其服务收费不能直接进入市场实行等价交换，而只能成为公共消费的一部分；三是污水处理提供的服务具有广泛的社会性和外部经济性，衡量其投资效益时，首先考虑社会效益。

国家财政对城市污水处理的拨款，在我国主要有基本建设安排的投资、中央财政拨给的专款和地方财政拨款。基本建设安排的投资，分国家预算内和地方自筹两种。国家预算内的基本建设投资由中央政府确定数额，由财政部交国家发改委统一安排。地方自筹基本建设投资，是在国家规定的额度内由地方自筹资金安排的投资。中央和地方财政拨款，一种是根据需要，财政每年拨给一定数额的资金，作为污水处理的专项资金；另一种是按项目定额补助，项目建成，补助停止。

b. 增加企业自筹强度。在市场经济的条件下，污水处理只有在其建设经营活动中把它的价值转化到周而复始的资金回流中，才能实现污水处理的再生产。按价值规律的要求，污水处理的投入与产出理顺到市场经济的新秩序中，是加快我国城市污水处理的客观要求。污水处理收费，不应是一项临时性的筹资措施，而是实现污水处理资金补偿的市场化方式，同时也是调节污水处理设施合理利用的一种经济手段。

污水处理的自筹资金，在社会主义市场经济条件下，要按照价值规律制定污水处理收费标准，按照国家规定从营业收入中提取生产发展基金、固定资产折旧基金和大修理基金。污水处理单位不仅要依靠自身的力量来完成简单再生产和扩大再生产，还要向国家缴纳税费。为此，污水处理的合理收费，必须建立在合理成本和合理利润率的基础之上。

污水处理收费的合理成本，一般应包括生产费用、经营费用、固定资产折旧、大修理基金、贷款利息等。其中固定资产折旧要有恰当的折旧率，要改变折旧年限过长、折旧率较低的做法，以免企业的明盈实亏。污水处理收费的合理利润率，是指利润率的核定既要考虑企业的合理福利和必要的积累，又要考虑污水处理收费需求弹性小、社会服务性强的特点，防止利用其垄断性追求过高利润。为防止垄断强加给用户的负担，政府可通过行政和经济手段对经营者加以限制，使其可能获得的利润不超过全社会的平均利润。

c.试行优先股票发行。世界有些市场经济国家的经验表明，发行优先股票吸收国内外私人资本进行城市污水处理，既能满足污水处理的巨大资金需求，又不丧失政府对污水处理项目的控制权。优先股票是相对普通股票而言的。投资购买普通股票的好处有投资收益比其他类似证券的投资收益高，在证券交易市场上流通性强，交易公平进行等。

优先股票是比普通股票具有一定优先权的股票，主要是优先分得股利和公司剩余财产的权利。优先股的最大优点是较普通股收益稳定，风险小。但当股份公司经营成绩卓著，经营利润激增时，优先股享受到的收益却不会增加，而普通股的收益却可随着公司经营效益的提高而增加。从这一点考虑，优先股较普通股又缺乏发展性和进取性。

从城市污水处理的实际出发，我们可以进行污水处理股票发行的探索，筹措的资金由污水处理企业用于污水处理。这种方式由于是以现有企业的发展业绩为基础，且改造的企业业绩继续增长，所以集资成功的可能性较大。

### 8.3.3　知识要点

① 城市污水的定义。

② 污水处理的分类，分析城镇生活污水的危害。

③ 污水处理的方法分类。

④ 污水人工处理的分级。

## 8.4　湿地生态修复案例

湿地为人类生产生活提供了水资源、生物资源、能源（泥炭等）、交通和旅游等资源，是地球上最具生产力的生态系统之一。湿地的物理、化学和生物组成部分交互作用，在调节气候、涵养水源、蓄洪防旱、净化水质、保护生物多样性等方面具有其他生态系统不可替代的环境功能和生态效益，被称为"地球之肾"。

湿地是自然生态系统中自净能力最强的生态系统。湿地水流速度缓慢，有利于污染物沉降。在湿地中生长的植物、微生物和细菌等通过湿地生物地球化学过程的转化，包括物理过滤、生物吸收和化学合成与分解等，将生活和生产水中的污染物和有毒物质吸收、分解或转化，使湿地水体得到净化。

所谓的湿地恢复与重建，可以通过保护使受损湿地系统自然恢复，也可以通过生态技术或生态工程对退化或消失的湿地进行修复或重建，再现干扰的结构和功能以及相关的物理、化学和生物过程，使得重现应有的作用。相关措施包括：提高地下水位养护沼泽、改善水禽栖息地；增加湖泊的深度和光度以扩大湖容，增加鱼的产量，增加调蓄功能；迁移湖泊、河流中富营养沉积物以及有毒物质，以净化水质；恢复洪泛平原的结构和功能，以利用蓄纳洪水，提供野生动植物的栖息地。

## 8.4.1 案例："海绵系统"

（1）事件描述

卧龙湖位于沈阳市北部的康平县境内，辽吉蒙三省（区）交界处。该湖紧邻康平县城，距离沈阳市区 120km。"海绵系统"规划研究范围包括沈阳市康平县境内的康平县城、卧龙湖及周边地区，涉及东关屯镇、东升镇、方家屯镇、二牛所口镇、小城子镇、北四家子镇和两家镇多个周边乡镇，总规划用地面积为 750km$^2$。因县城快速扩展，农村村镇快速发展，工业园区占地迅猛，在快速城市化过程中暴露出个别典型的生态破坏问题，使规划区内生态环境受损。其中最为典型的就是以卧龙湖为中心的水资源系统受到影响。面对严峻的局面，"绿色海绵系统"成为网络化解决卧龙湖地区水资源问题的重要途径。

（2）原因分析

① 水量减少，河流水网遭破坏，分散坑塘广布，区域汇水能力下降。

② 城镇建设与湖区生态环境缺乏良性互动，对湖区干扰和污染较大。

③ 区域廊道系统网络化程度较低，且网络复合度低，功能单一。

（3）影响分析

卧龙湖出现上述环境问题的主要原因如下。

① 不合理开发导致湿地生态环境破坏。前期的不合理开发是卧龙湖干涸的内在因素。自 1994 年以来，卧龙湖被开发商承包开发，修建环湖堤坝 38 公里，环湖

道路 58 公里，围湖造田 4700 多公顷，并且修建了近千座鱼塘和 500 多个蟹场。这些堤坝和道路割断了卧龙湖的水分交换途径，使一些入湖的季节性小河和沟渠与卧龙湖隔离，正常的水分交换受到阻碍。因此，不合理的开发是卧龙湖前期干涸的根本原因。

② 农村生活垃圾及畜禽粪便对水体造成影响。卧龙湖被康平镇、东关屯镇、方家镇、二牛所口镇包围。年排入量约为 360 万吨乡镇生活污水，有 180 吨 COD、1.8 吨氨氮、54 吨总氮、1.8 吨总磷进入湖区，危害湖区水体水质。同时，卧龙湖周围共有耕地 54855 亩，化肥施用量达 843 吨/年；规模化养殖产生的废水，每年约有 137 吨 COD，16.4 吨氨氮进入湖区，对湖区水质有较大影响。

（4）对策分析

① "绿色海绵"生态雨洪调蓄与水收集系统规划

a.网络构成：绿色海绵绿色基础设施网络。在城市化和工业化快速发展的过程中，网络系统恢复与重建是立足区域整体保护，卧龙湖生态区保护与发展的关键。

b.网络共生：区域生态格局与廊道网络规划。生态战略空间、生态的"源""汇"和廊道体系成为卧龙湖区域生态安全格局的重要构成，其中以"水"为核心的"生态廊道"设计将步行游憩道路网络、车行道路网络、雨水收集网络及梳理修复后的廊道网络相结合，构成一个集生态保护、雨水涵养收集和休闲游憩于一体的生态廊道网络。

c.水系统的稳定机制：水网收集系统规划。雨（雪）水收集坑与规划区内收集网络的建立；引水工程和水网的连通。

② "绿色海绵"水质净化系统规划

a.区域水质净化机制：多元的水质处理系统。

第一，农村面源污染与居民点污染源的控制。卧龙湖最大的污染源为城镇生产及生活污水。据统计，康平县城日排污水量为 1.37 万吨（2007 年），COD 达到 153mg/L。建立塔式生态滤池和污水处理厂，规划后禁止县城排污（康平县城建设污水处理厂达到一级 A 处理标准，COD≤50mg/L），针对农村面源和点源污染，利用多级生态网络系统中"绿色篱笆""绿色海绵"系统对水体进行多级多元净化。对污染源集中的村庄采用塔式生态滤池与"绿色海绵"结合的方式，污水处理排放达到一级 B 标准，COD≤60mg/L。

第二，自然与人工湿地结合的强化处理系统。以上经网络系统处理但未完全达到国家级自然保护区水质标准（COD≤20mg/L）的水源，进入湖区前经过湖区自然-人工湿地强化处理。

b. 空间综合体："绿色海绵"与再生水

第一，以城镇街区为单元的绿色海绵综合体。

第二，农村居民点坑塘利用与建设。针对原有无序排放的农村居民点污水、农村居民点雨水建立农村生活污水收集管网以及雨水收集沟渠系统，通过生物滤池等生态处理技术进行一级处理，利用居民点坑塘建立潜流人工湿地对排水进行二级处理，并通过表面流人工湿地、自然式湿地、生态护坡、生态护岸、生态浮床及浮岛等组合生态技术对居民点坑塘设立缓冲区，使农村居民点排放的生活污水、雨水径流经过处理后就近排入河道或回用，增强坑塘水质自净能力。

第三，农田坑塘利用与建设。

第四，支流及湖区入水口坑塘利用与建设。

（5）类似案例

"海绵城市"概念的产生源自于行业内和学术界习惯用"海绵"来比喻城市的某种吸附功能。近年来，更多的学者将海绵用以比喻城市或土地的雨涝调蓄能力。有学者在2003年用"海绵"概念来比喻自然系统的洪涝调节能力，指出"河流两侧的自然湿地如同海绵，调节河水之丰俭，缓解旱涝灾害"，并针对中国城市突出的水问题，提出了综合解决城乡水问题的生态基础设施途径。至今，已经形成一套"海绵城市"的规划理论与方法，长期以来持续应用于包括台州、威海、菏泽、东营、北京等全国一系列城市的生态规划中。

## 8.4.2 教学活动

（1）湿地生态系统特点

① 脆弱性。水是建立和维持湿地及其过程特有类型的最重要决定因子，水文流动是营养物质进入湿地的主要渠道，是湿地初级生产力的决定因素，因此，湿地对水资源具有很强的依赖性。由于水文状况易受自然及人为活动干扰，所以湿地生态系统也极易受到破坏，且受破坏后难以恢复，表现出很强的脆弱性。

② 过渡性。湿地同时具有陆生和水生生态系统的地带性分布特点，表现出水陆相兼的过渡性分布规律。

③ 结构和功能的独特性。湿地一般由湿生、沼生和水生植物、动物、微生物等生物因子以及与其紧密相关的阳光、水分、土壤等非生物因子构成。湿地水陆交界的边缘效应使湿地具有独特的资源优势和生态环境特征，为多样的动、植物群落提供了适宜的生境，具有较高的生产力和丰富的生物多样性。

④ 较强的自净和自我恢复能力。湿地通过水生植物和微生物的作用以及化学、

生物过程，吸收、固定、转化土壤和水中的营养物质的含量，降解有毒和污染的物质，净化水体。因此，湿地具有较强的自净和自我恢复能力。

（2）湿地生态修复

① 海岸带湿地修复。海岸修复主要是海岸带盐沼湿地和红树林湿地的生态修复与重建。对盐沼湿地而言，由于农业开发和城镇扩建使湿地大量受损和丧失，要发挥湿地在流域系统中原有的调蓄洪水、滞纳沉积物和净化水质等功能，必须重新调整和配置湿地的形态、规模和位置，因为并非所有的湿地都有同样的价值。对于红树林湿地而言，红树林沼泽发育在南方河湾和滨海区边缘，在高潮和风暴期是滨海的保护者，在稳定滨海线以及防止海水入侵方面起着重要作用。它为发展渔业提供了丰富的营养物源，也是许多物种的栖息地。

② 河滨湿地生态修复。就河滨湿地来讲，面对不断的陆地化过程及其污染，修复的目标应主要集中在对洪水危害的减少及对水质的净化上，通过疏浚河道，河漫滩湿地再自然化，增加水流的持续性，防止侵蚀或沉积物进入等来控制陆地化。通过切断污染源以及加强非点源污染净化使河流湿地水质得以修复。

③ 湖泊湿地生态修复。湖泊是相对的静水水体。尽管其面积不难修复到先前水平，但其水质修复要困难得多。因为水体尤其是底泥中的毒物很难自行消除，不但要进行点源、非点源污染控制，还需要进行污水深度处理及生态调控。

④ 森林湿地生态修复。森林湿地的生态修复和重建与草泽湿地不同，是因为森林的重建要几十年而不是几年。大多数森林湿地的生态修复是在水文和土壤保持原样的地区进行的，主要是营建合适的植被。

（3）湿地生态恢复的目标

湿地生态恢复的总体目标是采用适当的生物、生态及工程技术，逐步恢复退化湿地生态系统的结构和功能，最终达到湿地生态系统的自我持续状态。但对于不同的退化湿地生态系统，其侧重点和要求也会有所不同。总体而言，湿地生态恢复的基本目标和要求如下：

① 实现生态系统地表基底的稳定性。地表基底是生态系统发育和存在的载体，基底不稳定就不可能保证生态系统的演替与发展。这一点应引起足够重视，因为我国湿地所面临的主要威胁大都属于改变系统基底类型的威胁，在很大程度上加剧了我国湿地的不可逆演替。

② 恢复湿地良好的水状况，一是恢复湿地的水文条件；二是通过污染控制，改善湿地的水环境质量。

③ 恢复植被和土壤，保证一定的植被覆盖率和土壤肥力。

④ 增加物种组成和生物多样性。

⑤ 实现生物群落的恢复，提高生态系统的生产力和自我维持能力。

⑥ 恢复湿地景观，增加视觉和美学享受。

⑦ 实现区域社会、经济的可持续发展。湿地生态系统的恢复要求生态、经济和社会因素相平衡。因此，对生态恢复工程除考虑其生态学的合理性外，还应考虑公众的要求和政策的合理性。

（4）湿地生态恢复的原则

① 地域性原则。我国湿地分布广，涵盖了从寒温带到热带，从沿海到内陆，从平原到高原山区各种类型的湿地。因此应根据地理位置、气候特点、湿地类型、功能要求、经济基础等因素，制定适当的湿地生态恢复策略、指标体系和技术途径。

② 生态学原则。生态学原则主要包括生态演替规律、生物多样性原则、生态位原则等。生态学原则要求根据生态系统自身的演替规律分步骤分阶段进行恢复，并根据生态位和生物多样性原理构建生态系统结构和生物群落，使物质循环和能量转化处于最大利用和最优循环状态，达到水文、土壤、植被、生物同步和谐演进。

③ 最小风险和最大效益原则。国内外的实践证明，退化湿地系统的生态恢复是一项技术复杂、时间漫长、耗资巨大的工作。由于生态系统的复杂性和某些环境要素的突变性，加之人们对生态过程及其内部运行机制认识的局限性，人们往往不可能对生态恢复的后果以及最终生态演替方向进行准确的估计和把握，因此，在某种意义上，退化生态系统的恢复具有一定的风险性。这就要求对被恢复对象进行系统综合的分析、论证，将风险降到最低程度，同时，还应尽力做到在最小风险、最小投资的情况下获得最大效益。在考虑生态效益的同时，还应考虑经济和社会效益，以实现生态、经济、社会效益相统一。

（5）湿地生态恢复的技术

根据湿地的构成和生态系统特征，湿地的生态恢复可概括为：湿地生境恢复、湿地生物恢复和湿地生态系统结构与功能恢复。相应地，湿地的生态恢复技术也可以划分为三大类：湿地生境恢复技术、湿地生物恢复技术、湿地生态系统结构和功能恢复技术。

① 湿地生境恢复技术。湿地生境恢复的目标是通过采取各类技术措施，提高生境的异质性和稳定性。湿地生境恢复包括湿地基底恢复、湿地水状况恢复和湿地土壤恢复等。

　　a.湿地基底恢复：通过采取工程措施，维护基底的稳定性，稳定湿地面积，并对湿地的地形、地貌进行改造。基底恢复技术包括湿地及上游水土流失控制技术、湿地基底改造技术等。

　　b.湿地水状况恢复：包括湿地水文条件的恢复和湿地水环境质量的改善。湿地水文条件的恢复通常是通过筑坝（抬高水位）、修建引水渠等水利工程措施来实现；湿地水环境质量改善技术包括污水处理技术、水体富营养化控制技术等。需要强调的是，由于水文过程的连续性，必须加强河流上游的生态建设，严格控制湿地水源的水质。

　　c.湿地土壤恢复：包括土壤污染控制技术、土壤肥力恢复技术等。

　　② 湿地生物恢复技术。主要包括物种选育和培植技术、物种引入技术、物种保护技术、种群动态调控技术、种群行为控制技术、群落结构优化配置与组建技术、群落演替控制与恢复技术等。

　　③ 湿地生态系统结构和功能恢复技术。主要包括生态系统总体设计技术、生态系统构建与集成技术等。湿地生态系统结构与功能恢复技术既是湿地生态恢复研究中的重点，又是难点。目前急需针对不同类型的退化湿地生态系统，对湿地生态恢复的实用技术（如退化湿地生态系统恢复关键技术，湿地生态系统结构与功能的优化配置与重构及其调控技术，物种与生物多样性的恢复与维持技术等）进行研究。

## 8.4.3　知识要点

　　① 湿地的定义和作用。

　　② 湿地生态修复的分类。

　　③ 湿地破坏的原因及其影响分析。

　　④ 湿地恢复与重建相关措施。

　　⑤ 湿地生态修复的目标与原则。

　　⑥ 湿地生态恢复的技术。

## 参考文献

[1]　高廷耀，顾国维，周琪.水污染控制工程［M］.北京：高等教育出版社，1989.

[2]　王建龙，文湘华.现代环境生物技术［M］.北京：清华大学出版社，2008.

[3]　郭静，邱波，李清雪.厌氧浮动生物膜反应器处理高浓度有机废水［J］.中国给水排水，

1999 (10)：53-55.

［4］ 李任征.采油污水回用处理技术案例分析［J］.科技传播，2013，5（20）：149.

［5］ 王云才，崔莹，彭震伟.快速城市化地区"绿色海绵"雨洪调蓄与水处理系统规划研究 以辽宁康平卧龙湖生态保护区为例［J］.风景园林，2013（2）：60-67.

［6］ 严锦屏.石屏县异龙湖水资源现状探析［J］.红河探索，2013（3）：47-49.

# 9 大气污染控制技术应用案例

## 9.1 颗粒物控制技术案例

### 9.1.1 某电厂 2×200MW 机组除尘器选型过程

(1) 事件描述

某电厂 2×200MW 机组原设计选用的是静电除尘器,通过设备招标,由 A 环保股份有限公司中标。在与 A 环保股份有限公司签订设备技术协议过程中,恰逢该电厂 5、6 号 50MW 机组静电除尘器因自投产以来除尘效果一直不理想而进行又一次较大规模的改造。以前曾进行过一系列重大的改造工作,主要包括扩大收尘面积、将有效截面由原 $104m^2$ 增加到 $157m^2$、增加烟气通道、改变极线形式、加大极距、增加辅助电极、将原三电场增加到四电场等措施,均收效甚微,除尘效率在短时间内曾达到 $99\%$,但很快又降低到 $96\%$ 以下。分析总结了前几次改造未取得成功的因素,考虑到前几次改造从除尘器本体结构上已经采取了力所能及的措施,这次改造在原有基础上又进行了几种调质试验,采取在给煤机处加 $Na_2CO_3$ 的方法和在烟道中喷湿蒸汽的方法,以期增加烟气中 $Na_2O$ 的含量,降低高温除尘指数和降低烟温,但仍未收到满意效果。结合电厂 5、6 号机组除尘器的改造情况,就 2×200MW 机组工程选用的双室四电场静电除尘器如何在结构上采取措施保证除尘器能达到设计效率进行了广泛深入的技术磋商,分析研究后,大家达成共识:由于煤灰的比电阻较高,煤灰中 $SiO_2$、$Al_2O_3$ 的含量极高,两项之和达 $90.54\%$,$Na_2O$ 含量仅为 $0.01\%$,就煤灰特性分析,电收尘性能很差。查阅国内外大量静电除尘器设计资料,采用静电除尘器处理较低 $Na_2O$ 含量煤灰的案例很少,而静电除尘器的设计又需要大量经验数据。在没有经验可资借鉴的情况下采取什么措施,如何保证除尘器能够达到设计效率,经论证,认为静电除尘器不可能达到设计要求。

（2）原因分析

在此期间，针对本工程特殊的煤灰情况，就"如何确保电厂 $2\times200MW$ 机组工程静电除尘器的除尘效率"专题进行了调研。技术小组走访了几家国内有较高声望和较好制造业绩的静电除尘器科研机构和生产厂家，请教了国内知名的静电除尘器专家，大家一致认为其煤灰极其特殊，确属于静电除尘器很难吸收的煤灰。按常规的静电除尘器设计选型肯定达不到预期效果。如果一定要选用静电除尘器，必须大幅度增加除尘器截面积，大大降低烟气流速，静电除尘器的重要设计指标比集尘面积要大，从常规的 $50\sim80m^2/(m^3\cdot s)$ 增加到 $120m^2/(m^3\cdot s)$ 甚至超过 $130m^2/(m^3\cdot s)$，这样设计的静电除尘器才有可能达到预期除尘效率。

（3）解决方案

经多次研讨，普遍认为静电除尘辅助调质手段不能从根本上解决问题，不主张采用调质手段。同时与会代表也提出了如果在技术经济合理、保证安全可靠运行的情况下，可考虑选用除尘效率达 99.9% 的布袋除尘器。由于布袋除尘器在我国电站锅炉除尘器改造上有较少的试验，成功的经验不多，与会代表建议，如选用布袋除尘器，一定要对布袋除尘器的运行状况、运行条件和运行水平以及运行中需要注意的问题进行认真仔细的调研了解后再做决定。

经多方调查，从技术和经济方面对采用静电除尘器和布袋除尘器进行了全面比较。一致认为：常规静电除尘器对本工程达到除尘效率没有保障，增加收尘面积也不能从根本上解决问题。故采用布袋除尘器是非常必要的。布袋除尘器技术上有保障，虽然运行费用较高，但除尘效率高，而且还可以适应今后更高的烟尘排放标准。从国外的运行实践分析，安全可靠。随着国家对大气环境质量要求越来越高，采用布袋除尘器将会是今后的发展趋势。

该电厂 $2\times200MW$ 机组经过多方面比选，最终采用了布袋除尘器方案。$2\times200MW$ 机组采用布袋除尘器的必要性早已成为大家的共识，当时所做的大量工作，都是考虑到布袋除尘器在国内没有在大型机组上安装使用的成功经验。所有工作的重点几乎全部集中在采用布袋除尘器的可行性问题上。布袋除尘器在经过一年多的运行实践表明，除尘效果十分理想，运行管理也简单方便，且安全可靠，同时也积累了丰富的大机组、大容量布袋除尘器运行管理的经验。经实测，排放浓度为 $32mg/m^3$，低于国家排放标准 $50mg/m^3$ 的要求。

大机组上采用布袋除尘器的可行性已不容置疑。采用布袋除尘器的成功，为今后更大容量机组推广采用布袋除尘器做出了巨大的贡献。

## 9.1.2 教学活动

（1）除尘技术分类

除尘器按捕集机理可分为机械除尘器、电除尘器、过滤除尘器和洗涤除尘器等。机械除尘器依靠机械力将尘粒从气流中除去，其结构简单，设备费和运行费均较低，但除尘效率不高。电除尘器利用静电力实现尘粒与气流分离，常按板式与管式分类，特点是气流阻力小，除尘效率可达 99％以上，但投资较高，占地面积较大。过滤除尘器使含尘气流通过滤料将尘粒分离、捕集，分内部过滤和表面过滤两种方式，除尘效率一般为 90％～99％，不适用于温度高的含尘气体。洗涤除尘器用液体洗涤含尘气体，使尘粒与液滴或液膜碰撞而被捕集，并与气流分离，除尘效率为 80％～95％，运转费用较高。为提高对微粒的捕集效率，正在研制荷电袋式过滤器、荷电液滴洗涤器等综合几种除尘机制的新型除尘器。

（2）除尘方式

① 云雾抑尘。云雾抑尘技术是通过高压离子雾化和超声波雾化，可产生 1～100$\mu$m 的超细干雾；超细干雾颗粒细密，充分增加与粉尘颗粒的接触面积，水雾颗粒与粉尘颗粒碰撞并凝聚，形成团聚物，团聚物不断变大变重，直至最后自然沉降，达到消除粉尘的目的；所产生的干雾颗粒，30％～40％粒径在 2.5$\mu$m 以下，对大气细微颗粒污染的防治效果明显。

② 湿式收尘。湿式收尘技术通过压降来吸收附着粉尘的空气，在离心力以及水与粉尘气体混合的双重作用下除尘；独特的叶轮等关键设计可提供更高的除尘效率。

③ 重力除尘。利用粉尘与气体的密度不同的原理，使扬尘靠本身的重力从气体中自然沉降下来的净化设备，通常称为沉降室或降生室。它是一种结构简单、体积大、阻力小、易维护、效率低的比较原始的净化设备，只能用于粗净化。重力沉降室的工作原理：含尘气体从一侧以水平方向的均匀速度进入沉降室，尘粒以沉降速度下降，运行 $t$ 时间后，使尘粒沉降于室底。净化后的气体，从另一侧出口排出。

④ 惯性除尘。惯性除尘器也叫惰性除尘器。它的原理是利用粉尘与气体在运动中惯性力的不同，将粉尘从气体中分离出来。一般都是在含尘气流的前方设置某种形式的障碍物，使气流的方向急剧改变。此时粉尘由于惯性力比气体大得多，尘粒便脱离气流而被分离出来，得到净化的气体在急剧改变方向后排出。这种除尘器结构简单，阻力较小（10～80mmH$_2$O，1mmH$_2$O＝9.80665Pa），净化效率较低（40％～80％），多用于多段净化时的第一段，净化中的浓缩设备或与其他净化设备

配合使用。惯性除尘器以百叶式的最为常用。它适用于净化含有非黏性、非纤维性粉尘的空气，通常与其他种类除尘器联合使用组成机组。

⑤ 旋风除尘。工作原理：含尘气体从除尘器的入口导入外壳和排气管之间，形成旋转向下的外旋流。悬浮于外旋流的粉尘在离心力的作用下移向器壁，并随外旋流转到除尘器下部，由排尘孔排出；净化后的气体形成上升的内旋流并经过排气管排出。

应用范围及特点：旋风除尘器适用于净化大于 $5\sim10\mu m$ 的非黏性、非纤维性的干燥粉尘。它是一种结构简单、操作方便、耐高温、设备费用低和阻力较低（$80\sim160mmH_2O$）的净化设备。旋风除尘器在净化设备中应用得最为广泛。

⑥ 布袋除尘。工作原理：

a. 重力沉降作用。含尘气体进入布袋除尘器时，颗粒大、密度大的粉尘，在重力作用下沉降下来，这和沉降室的作用完全相同。

b. 筛滤作用。当粉尘的颗粒直径较滤料的纤维间的空隙或滤料上粉尘间的间隙大时，粉尘在气流通过时即被阻留下来，此即称为筛滤作用。当滤料上积存粉尘增多时，这种作用比较显著。

c. 惯性力作用。气流通过滤料时，可绕纤维而过，而较大的粉尘颗粒在惯性力的作用下，仍按原方向运动，遂与滤料相撞而被捕获。

d. 热运动作用。质轻体小的粉尘（$1\mu m$ 以下）随气流运动，非常接近于气流流线，能绕过纤维。但它们在受到做热运动（即布朗运动）的气体分子的碰撞之后，便改变原来的运动方向，这就增加了粉尘与纤维的接触机会，使粉尘能够被捕获。滤料纤维直径越细，空隙率越小，其捕获率就越高，就越有利于除尘。

袋式除尘器很久以前就已广泛应用于各个工业部门中，用以捕集非黏性、非纤维性的工业粉尘和挥发物，捕集粉尘微粒可达 $0.1\mu m$。但是，当用它处理含有水蒸气的气体时，应避免出现结露问题。袋式除尘器具有很高的净化效率，就是捕集细微的粉尘效率也可达 99% 以上，而且其效率比较高。

⑦ 静电除尘。静电除尘器的工作原理：含有粉尘颗粒的气体，在接有高压直流电源的阴极板（又称电晕极）和接地的阳极板之间所形成的高压电场通过时，由于阴极发生电晕放电，气体被电离，此时，带负电的气体离子，在电场力的作用下向阳极运动，在运动中与粉尘颗粒相碰，则使尘粒荷以负电，荷电后的尘粒在电场力的作用下，亦向阳极运动，到达阳极后，放出所带的电子，尘粒则沉积于阳极板上，而得到净化的气体排出除尘器外。

根据目前国内常见的电除尘器形式可大致分为以下几类：按气流方向分为立式和卧式，按沉淀极形式分为板式和管式，按沉淀极板上粉尘的清除方法分为干式和湿式等。

电除尘器的优点：

a.净化效率高，能够捕集 $0.01\mu m$ 以上的细粒粉尘。在设计中可以通过不同的操作参数，来满足所要求的净化效率。

b.阻力损失小，一般在 $20mmH_2O$ 以下，和旋风除尘器比较，即使考虑供电机组和振打机构耗电，其总耗电量仍比较小。

c.允许操作温度高，如 SHWB 型电除尘器允许操作温度达到 $250℃$，其他类型还有达到 $350\sim400℃$ 或者更高的。

d.处理气体量大。

e.可以完全实现操作自动控制。

电除尘器的缺点：

a.设备比较复杂，要求设备调运和安装以及维护管理水平高。

b.对粉尘比电阻有一定要求，所以对粉尘有一定的选择性，不能对所有粉尘都取得较高的净化效率。

c.受气体温度、湿度等操作条件的影响较大，同一种粉尘如在不同温度、湿度下操作，所得的效果不同。有的粉尘在某一个温度、湿度下使用效果很好，而在另一个温度、湿度下由于粉尘电阻的变化几乎不能使用电除尘器。

d.一次投资较大，卧式的电除尘器占地面积较大。

e.在某些企业使用效果达不到设计要求。

⑧ 水膜除尘。利用含尘气体冲击除尘器内壁或其他特殊构件上用某种方法造成的水膜，使粉尘被水膜捕集，气体得到净化，这类净化设备叫作水膜除尘器，包括冲击水膜、惰性（百叶）水膜和离心水膜除尘器等多种。

含尘气体由筒体下部沿切向引入，旋转上升，尘粒受离心力作用而被分离，抛向筒体内壁，被筒体内壁流动的水膜层所吸附，随水流到达底部锥体，经排尘口卸出。水膜层的形成是由布置在筒体上部的几个喷嘴将水沿切向喷至器壁。这样，在筒体内壁始终覆盖一层旋转向下流动的很薄水膜，达到提高除尘效果的目的。这种除尘器结构简单，金属耗量小，耗水量小。其缺点是高度较大，布置困难，并且在实际运行中发现有带水现象。

### 9.1.3　知识要点

① 大气的结构和组成。

② 几种典型的大气污染。

③ 颗粒物的定义、分类。

④ 颗粒物的物化特性。

⑤ 大气颗粒物对人体的影响。

## 9.2 硫氧化物控制技术案例

### 9.2.1 罗斯托克电厂脱硫

（1）事件描述

德国统一后，罗斯托克市附近的 Greifswald 电厂完全停止运行并被拆除，因而非常有必要建造一新电厂，并且选在靠近罗斯托克港口的一个地方。1994 年建成了拥有一台锅炉和 500MW 机组的电厂并进入试运行阶段。煤是从罗斯托克港口通过一个长 1.2km 加顶的带式运输机运输的。电厂配备了一个冷却塔用来冷却水，新鲜的冷却水是从波罗的海获得的。燃料采用无烟煤，大部分的煤是由南非、波兰和俄罗斯供应的。但为了节约，采用了各国的资源，根据 LCP-条例，电厂最初设计了 ESP、DENOX 和 FGD 系统。

锅炉为本生式锅炉，由德国巴布科克/鲁奇 Lentjes 公司制造。FGD 系统为湿法石灰石/石膏工艺系统。

Gttfried Bischff 电厂原先设计为供暖的中等负荷的电厂，运行时间大约为每年 4000h。1994 年开始试运转，从一开始就配有 FGD 系统，除了输出电能，电厂还将供暖 300MW，一旦需满负荷地供暖，电能就只有 450MW。如果仅仅发电，效率为 42.5%，如既供电又供暖，效率可达 62.5%。选取地址主要是考虑到世界各国的煤可经罗斯托克港口运输。运行排放标准以 LCP-条例为依据，审批部门要求采用最佳实用技术达到排放限度。$SO_x$ 的排放限度为 $200mg/m^3$，粉尘的排放限度为 $200mg/m^3$，除了这个排放标准外，电厂还必须遵循 LCP-条例的所有要求。

（2）治理方案分析

与锅炉配套的 DENOX、ESP 和 FGD 系统安装在一条直线上，仅 DENOX 系统有一条更换催化剂的旁路，ESP 和 FGD 系统不能通过旁路。这个电厂中没有烟囱，烟气经过冷却塔排放。安装的 FGD 工艺是湿法石灰石/石膏工艺。通过利用碳酸钙（$CaCO_3$）来进行烟气脱硫，而且产生适于销售的石膏，吸收装置是无填料的空喷淋塔，而且配备强制氧化的吸收池。吸收装置是靠内部浆液循环运作来实现的，并且被设计为酸净化系统，吸收池内的 pH 值控制在 4.5～5.5 之间。在吸收池中储存一定量的石膏晶体，一部分作为生成新石膏晶体的晶核，另一部分石膏排放出来进行脱水。石膏脱水后的滤出液又返回到吸收装置再利用，新鲜的补给水由除雾冲洗系统（液滴分离器与吸收塔一体）补充或者直接加入到吸收池。除雾器用地表水（雨水）冲洗。由于使用俄罗斯的煤（氯含量很低），循环中不能获得所需的氯的含量，因此在处理过程中将无废水外排。额外的氯通过海水作为补给水获得。准备用的碳酸钙粉运送到电站，碳酸钙粉储存在库中。碳酸钙粉通过气力输送和喷射系统直接送入吸收池。除了大的吸收循环泵，所有的泵都为一用一备，一旦出现故障，自动控制系统就会转向备用的系统。在停运后，所有运输石膏和石灰乳的管道和泵将会自动得到冲洗和排干。

在维护时期，设计为能容纳系统（吸收塔、管道、冲洗水）全部液体的废水罐能容纳石膏浆。在重新启动之前，浆液将被打回吸收塔，在再次试运转后，包含的石膏晶体将立即作为晶核，这样避免了堵塞和堵漏的运行问题。烟气进入吸收塔时大约120℃，不需另外的冷却装置。由于烟气经冷却塔排放，不需蓄热式换热器。引风机设计为能克服从锅炉到冷却塔的压力损失，FGD系统没有单独的增压鼓风机，引风机安装在吸收塔的后面。理论上，这是最经济的位置，然而增加了对材料选择的高要求和维修工作的困难，目前人们不赞成把引风机安装在这个位置。

由于主要的设备都布设在一条线上，没有任何多余的空地。与电厂所有的别的设备相比，FGD系统是唯一占地较少的，FGD系统的占地不到整个电厂所需占地的5%~6%。

对于一个完全配齐所有的环境保护设施的新建的电厂，装设FGD系统的投资成本占全部投资成本的7%~9%。这个数字包括所有的工程费用，也包含土建所必需的费用。与罗斯托克电厂类似的一个FGD系统将需要消耗电厂所发电能的1.7%~2.0%，每年用于维修、更换备用零部件的费用几乎占FGD机械装备起初投资的1.7%~2.0%，人力需求依电厂本身的操作要求而定。在罗斯托克电厂没有专门的FGD系统的操作人员，整个电厂的操作人员都可以在完成本职工作后来控制FGD系统，整个电厂可由一个工人在控制室里控制（不包括维修工作）。

（3）运行分析

罗斯托克电厂自1994年试运行以来（到2003年4月）共运行了67000h。在1994年到2000年期间共启动/关闭系统约1100次。高度的自动化使电厂一直处于高效运行状态。由于FGD系统有时出现故障，这种高效性并不能得到保证。然而，LCP-条例允许电厂无FGD系统运行的时间每年最多可达240h，一个操作员在中心控制室能完成所有必需的工作。含湿量大的净化气体使引风机需要更高质量的材料,并且使维修工作比原来预料的更多。添加剂的供给和石膏的运输完全由各个运输公司负责,卡车司机必须独立完成装卸工作,而不要电厂其他工作人员的帮助。一段时间后这种组织结构成功地得到实施。生产的石膏品质好,在水泥行业中用作缓凝剂。FGD 系统没有安装旁路和备用设施,一旦 FGD 系统运行出现故障,锅炉必须关停。图 9-1 为其平面布置。

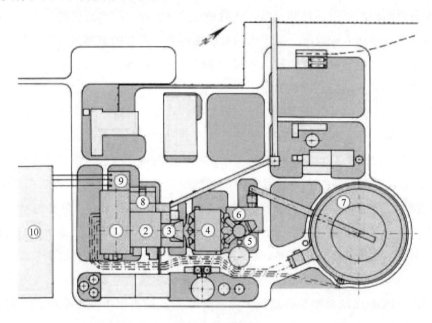

图 9-1 平面布置

1—涡轮机房;2—锅炉房;3—DENOX;4—ESP;5—FGD;6—循环泵和引风机;

7—冷却塔;8—主控制室;9—变压器;10—380kV 开关设备

在电厂试运行两年前,即 1992 年,建了一个排放测量室来收集排放数据。这些数据是电厂试运行后的污染物排放情况做比较的基础。直到今天,排放数据都没有出现可测的影响,整个烟气处理系统(DENOX,ESP,FGD)都避免了任何的不良环境影响。为了把测量结果公布给市民看,电厂在市中心建了一个布告板,将来自不同排放测量点的测量数据都公布出来了。运行一年后,即 1995 年,当地政府确认电厂的排放符合排放标准。

### 9.2.2 教学活动

(1) 烟气脱硫工艺历史

1927 年英国为了保护伦敦高层建筑,在泰晤士河岸的巴特富安和班支赛德两电厂(共 120MW)首次采用石灰石脱硫工艺。

据统计，1984 年有 SO$_2$ 控制工艺 189 种，目前已超过 200 种。主要可分为四类：①燃烧前控制——原煤净化；②燃烧中控制——流化床燃烧（CFB）和炉内喷吸收剂；③燃烧后控制——烟气脱硫；④新工艺（如煤气化/联合循环系统、液态排渣燃烧器）。其中大多数国家采用燃烧后控制烟气脱硫工艺。烟气脱硫则以湿式石灰石/石膏法脱硫工艺作为主流。

自 20 世纪 30 年代起人们已经进行过大量的湿式石灰石/石膏法研究开发，60 年代末已有装置投入商业运行。ABB 公司的第一套实用规模的湿法烟气脱硫系统于 1968 年在美国投入使用。1977 年比晓夫公司制造了欧洲第一台石灰石/石膏法示范装置。IHI（石川岛播磨）的首台大型脱硫装置于 1976 年在矶子火电厂 1、2 号机组应用，采用文丘里管 2 塔的石灰石/石膏法混合脱硫法。三菱重工于 1964 年完成第一套设备，根据其运转实绩，进行烟气脱硫装置的开发。

第一代 FGD 系统是美国和日本从 20 世纪 70 年代开始安装的。早期的 FGD 系统包括以下一些流程：石灰基流质；钠基溶液；石灰石基流质；碱性飞灰基流质；双碱（石灰和钠）基流质；镁基流质；Wellman-Lord 流程。采用了广泛的吸收类型，包括通风型、垂直逆流喷射塔型、水平喷射塔型，并采用了一些内部结构如托盘、填料、玻璃球等来促进反应。

第一代 FGD 系统的脱硫效率一般为 70％～85％。除少数外，副产品无任何商用价值，只能作为废料排放，只有镁基法和 Wellman-Lord 法生产出有商用价值的硫和硫酸。特征是初投资不高，但运行维护费高而系统可靠性低。结构和材料失效是最大的问题。随着经验的增长，人们对流程做了改进，降低了运行维护费，提高了可靠性。

第二代 FGD 系统在 20 世纪 80 年代早期开始安装。为了克服第一代系统中的结构和材料问题，出现了干喷射吸收器，炉膛和烟道喷射石灰和石灰石技术也接近了商业运行。然而占主流的 FGD 技术还是石灰基、石灰石基的湿清洗法，利用填料和玻璃球等的通风清洗法消失了。改进的喷射塔和淋盘塔是最常见的，流程不同其效率也不同。最初的干喷射 FGD 系统效率可达到 70％～80％，在某些改进情形下可达到 90％，炉膛和烟道喷射法效率可达到 30％～50％，但反应剂消耗量大。随着对流程的改进和运行经验的提高，可达到 90％的效率。美国第二代 FGD 系统所有的副产物都作为废物排走了。然而在日本和德国，在石灰石基湿清洗法中把固态副产品强制氧化，得到在某些工农业领域中有商业价值的石膏。第二代 FGD 系统在运行维护费用和系统可靠性方面都有所进步。

第三代 FGD 系统中的炉膛和烟道喷射流程得到了改进，而 LIFAC 和流化床技术也发展起来了。通过广泛采用强制氧化和钝化技术，影响石灰、石灰石基系统可靠性的结构问题基本解决了。随着对化学过程的进一步了解和使用二基酸（DBA）这样的添加剂，这些系统的可靠性可以达到 95％以上。钝化技术和 DBA 都应用于第二代 FGD 系统以解决存在的问题。这些系统的脱硫效率达到了 95％或更高。有些系统的固态副产品可以应用于农业和工业。在德国和日本，生产石膏已是电厂的一个常规项目。随着设备可靠性的提高，设置冗余设备的必要性减小了，单台反应器的烟气处理量越来越大。在 20 世纪 70 年代因投资大、运行费用高和存在腐蚀、结垢、堵塞等问题，在火电厂中声誉不佳。经过 15 年的实践和改进，工作性能与可靠性有很大提高，投资和运行费用大幅度降低，使它的下列优点较为突出：①有在火电厂长期应用的经验；②脱硫效率和吸收利用率高（有的机组在 Ca/S 值接近于 1 时，脱硫率超过 90％）；③可用性好（最近安装的机组，可用性已超过 90％）。人们对湿法的观念，从而发生转变。

（2）脱硫的防腐保护

脱硫系统中常见的主要设备为吸收塔、烟道、烟囱、脱硫泵、增压风机等主要设备，湿法脱硫等工艺具有介质腐蚀性强、处理烟气温度高、$SO_2$ 吸收液固体含量大、磨损性强、设备防腐蚀区域大、施工技术质量要求高、防腐蚀失效维修难等特点。因此，该装置的腐蚀控制一直是影响装置长周期安全运行的重点问题之一。脱硫防腐主要用于以下几个方面。

① 吸收塔、烟囱中的应用。

② 双流式塔盘防腐保护。某电厂在 2010 年对洗涤器升级时安装了新型双流式塔盘。在 2011 年的检验中表明，在塔盘较低表面上形成的沉积物区域下面，基底金属产生了较深的点蚀。用高压水将沉积物清洗干净，改变流量喷嘴试着控制结垢。被腐蚀的区域需要进行涂层保护，以防止进一步的破坏。采用阿克-20 防腐涂层为塔盘替换下来的陈旧的"碗状物"进行涂层保护，效果非常好。

③ 烟道脱硫防腐保护。研发新阴极防腐系统，可用于燃烧系统的废气处理或者空气污染控制设施的保护，即有效控制（电流控制）高温/极酸腐蚀环境（150℃，pH<2）的薄涂层解决方案。

### 9.2.3 知识要点

① 含硫化合物的主要组成、来源。

② 硫氧化物在大气中的化学转化、传输和沉降。

③ 硫氧化物对人体的影响。

④ 硫氧化物的净化技术。

⑤ 烟气脱硫技术的发展及其应用。

## 9.3 氮氧化物控制技术案例

### 9.3.1 600MW超临界燃煤机组SCR烟气脱硝工程实例

（1）事件描述

国电铜陵电厂位于安徽省铜陵市境内，是由国电集团控股的新建电厂，规划总装机容量为4台600MW国产超临界凝汽式燃煤发电机组，分二期建设，一期工程装机容量为2台600MW超临界燃煤机组。国电铜陵电厂项目与2004年4月即与东方锅炉厂签订合同并及时进行锅炉设计工作，2004年10月通过可行性研究审查。但锅炉的原先设计没有考虑脱硝的安装位置，更没有进行一体化设计的构架，造成国电铜陵电厂脱硝项目只相当于一个改造项目。2005年6月，开始对国电铜陵电厂600MW超临界燃煤机组选择性催化还原烟气脱硝项目进行设计，在电厂2#机组的锅炉上配套安装烟气脱硝装置，1#机组预留脱硝位置，按照2#机组的要求进行设计和基础施工。

（2）工程设计分析

该工程三大主机分别采用东方锅炉厂、上海汽轮机厂和上海汽轮发电机厂的产品。锅炉主要设备参数如表9-1所示。该工程采用选择性催化还原法（SCR）脱硝装置，在设计煤种及校核煤种、锅炉最大工况（BMCR）以及处理100%烟气量条件下，脱硝效率不小于80%。选择性催化还原烟气脱硝系统的主要设计参数如表9-2所示。

表9-1 锅炉主要设备参数

| 锅　炉 | | | | | | |
|---|---|---|---|---|---|---|
| 型式 | 过热器蒸发量/(t/h) | 过热器出口蒸汽压力/MPa | 过热器出口蒸汽温度/℃ | 省煤器出口烟气量/(t/h) | 省煤器出口烟气温度/℃ | 锅炉计算耗煤量/(t/h) |
| 超临界一次中间再热螺旋管圈直流锅炉 | 1913 | 25.4 | 571 | 2328.5 | 372 | 258.6（设计煤种） 288.9（校核煤种） |
| 空预器 | | 引风机(未考虑脱硝系统阻力) | | | | |
| 型式 | 一年内漏风率/% | 型式及配置 | 风量/(m³/s) | 风压/Pa | 进口烟温/℃ | 电动机功率/kW |
| 容克式 | 6 | 静叶可调轴流式 | 277.4 | 5006 | 124 | 2900 |

**表 9-2 选择性催化还原烟气脱硝系统设计参数**

| 进口烟气参数(设计煤种) | | | | |
| --- | --- | --- | --- | --- |
| 烟气量(标态、湿基、实际 $O_2$)/(m³/h) | 烟气 $O_2$ 含量(标态、干基、实际 $O_2$)/% | 烟气 $NO_x$ 含量(标态、干基、实际 $O_2$)/(mg/m³) | 烟气粉尘含量(标态、干基、6% $O_2$)/(g/m³) | 烟气温度/℃ |
| 1846935 | 3.28 | 657 | 50 | 372 |
| 出口烟气参数(设计煤种) | | | | |
| 烟气 $NO_x$ 含量(标态、干基、实际 $O_2$)/(mg/m³) | 脱硝效率(设计煤种)/% | $SO_2/SO_3$ 转化率/% | 氨逃逸率/(mg/kg) | 氨耗量/(kg/h) |
| 131 | ≥80 | ≤1 | ≤3 | 350 |

SCR 烟气脱硝工程的主要流程见图 9-2。其主要工艺流程为：液氨槽车运来的液氨由卸料压缩机输送到液氨储罐内储存，液氨储罐内的液氨通过氨罐自身的压力或液氨泵加压（氨罐低液位时）经管道送入水浴式蒸发器（水温一般控制在 42℃）；液氨在水浴式蒸发器内被加热蒸发成气氨（0.6MPa 左右），进入气氨缓冲罐稳定其压力（0.5MPa 左右）后经管道输送到 SCR 反应器前的混合器，与稀释风机送来的空气混合成含氨不超过 5% 的混合气体后，通入 SCR 反应器进气口的整流器均流后进入反应器，在催化剂的作用下，与烟气中 $NO_x$ 反应生成氮气和水。由液氨储罐及气氨蒸发系统紧急排放的气氨则排入气氨稀释罐中，经水吸收后排入废水池，再经废水泵送至主厂废水处理系统进行处理。

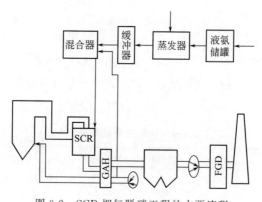

图 9-2 SCR 烟气脱硝工程的主要流程

（3）运行分析

该工程由国电龙源 EPC 负责系统的调试。由于工程进度原因，脱硝的调试于主机 168h 的试运行后进行。在当时还没有脱硝环保电价的情况下，为减小运行时系统阻力节约厂用电，只安装了中间一层催化剂。2#机组脱硝装置的调试工作开始于 2008 年 12 月 2 日，整套装置也于 2009 年 3 月 11 日正式投入连续运行，至 3 月 19 日已完成 168h 试运行。其间，2#机组最大负荷为 550MW。在连续试运行过程中，整套脱硝装置可保证连续投氨运行，相关联锁保护正常，1 个自动调节因调门调节特性差未投入，其余均自动正常投入运行。由于只安装了一层催化剂，无法对合同规定的性能指标进行检测。在此种情况下工作人员对正常运行中的氨气量加以修改：将氨气量控制在 38kg/h 以下，根据氨逃逸值小于 3mg/kg 的标准进行控制；最大氨气量不应超过 47kg/h 且根据氨逃逸值小于 5mg/kg 的标准进行控制。脱硝调试主要包括液氨储存系统、液氨蒸发系统、稀释排放系统、氮气置换系统、氨稀释喷射系统和烟气取样系统等的调试。整套设备启动试运行步骤分两个阶段进行：第一阶段试运行内容是烟气系统热态调试和系统优化，分为脱硝装置启动、通烟、带负荷；第二阶段试运行内容是保证各设备、系统运行稳定，运行参数达到设计要求，即稳定负荷进行 168h 试运行。SCR 整套启动方式分为冷态启动和温态启动两种。锅炉长期停运后，锅炉和脱硝反应器处于常温状态，这种启动方式称为冷态启动。在冷态启动过程中，反应器温度小于 150℃时 SCR 的温升速度应为 5℃/min；锅炉温态启动时，反应器温度大于 150℃，SCR 的温升速度控制小于 50℃/min。SCR 紧急停用联锁保护基本都是针对防止氨气与空气混合爆炸和保护催化剂考虑的，反应区相关联锁保护动作，联合关闭反应器氨气入口关断门，切断氨气来源。2# 锅炉在脱硝喷氨调试后，利用停炉期间对反应器内部进行检查，发现催化剂比较干净，催化剂表面灰尘清除效果好，空预器受热面也比较干净。在安装一层催化剂的前提下，整个反应器压差在 400～600Pa，按合同规定的两层催化剂总压降低于 250Pa 推算，如果安装预定催化剂，能满足设计压差要求。

## 9.3.2　教学活动

（1）脱硝技术分类

① 燃烧前脱硝：a. 加氢脱硝；b. 洗选。

② 燃烧中脱硝：a. 低温燃烧；b. 低氧燃烧；c. CFB 燃烧技术；d. 采用低 $NO_x$ 燃烧器；e. 煤粉浓淡分离；f. 烟气再循环技术。

③ 燃烧后脱硝：a. 选择性非催化还原脱硝（SNCR）；b. 选择性催化还原脱硝（SCR）；c. 活性炭吸附；d. 电子束脱硝。

（2）主要脱硝技术

① 选择性非催化还原技术（SNCR）。选择性非催化还原法是一种不使用催化剂，在 850～1100℃温度范围内还原 $NO_x$ 的方法。最常使用的药品为氨和尿素。

一般来说，SNCR 脱硝效率对大型燃煤机组可达 25%～40%，对小型机组可达80%。由于该法受锅炉结构尺寸影响很大，多用作低氮燃烧技术的补充处理手段。其工程造价低、布置简易、占地面积小，适合老厂改造，新厂可以根据锅炉设计配合使用。

② 选择性催化还原技术（SCR）。SCR 是目前最成熟的烟气脱硝技术，它是一种炉后脱硝方法，最早由日本于 20 世纪 60～70 年代后期完成商业运行，是利用还原剂（$NH_3$、尿素）在金属催化剂作用下，选择性地与 $NO_x$ 反应生成 $N_2$ 和 $H_2O$，而不是被 $O_2$ 氧化，故称为"选择性"。世界上流行的 SCR 工艺主要分为氨法 SCR 和尿素法 SCR 两种。这两种方法都是利用氨对 $NO_x$ 的还原功能，在催化剂的作用下将 $NO_x$（主要是 NO）还原为对大气没有多少影响的 $N_2$ 和水，还原剂为 $NH_3$。

在 SCR 中使用的催化剂大多以 $TiO_2$ 为载体，以 $V_2O_5$ 或 $V_2O_5$-$WO_3$ 或 $V_2O_5$-$MoO_3$ 为活性成分，制成蜂窝式、板式或波纹式三种类型。应用于烟气脱硝中的 SCR 催化剂可分为高温催化剂（345～590℃）、中温催化剂（260～380℃）和低温催化剂（80～300℃），不同的催化剂适宜的反应温度不同。如果反应温度偏低，催化剂的活性会降低，导致脱硝效率下降，且如果催化剂持续在低温下运行会使催化剂发生永久性损坏；如果反应温度过高，$NH_3$ 容易被氧化，$NO_x$ 生成量增加，还会引起催化剂材料的相变，使催化剂的活性退化。国内外 SCR 系统大多采用高温，反应温度区间为 315～400℃。

优点：该法脱硝效率高，价格相对低廉，广泛应用在国内外工程中，成为电站烟气脱硝的主流技术。

缺点：燃料中含有硫分，燃烧过程中可生成一定量的 $SO_3$。添加催化剂后，在有氧条件下，$SO_3$ 的生成量大幅增加，并与过量的 $NH_3$ 生成 $NH_4HSO_4$。$NH_4HSO_4$ 具有腐蚀性和黏性，可导致尾部烟道设备损坏。虽然 $SO_3$ 的生成量有限，但其造成的影响不可低估。另外，催化剂中毒现象也不容忽视。

### 9.3.3　知识要点

① 氮氧化物的定义和种类。
② 氮氧化物的天然排放来源及人为排放来源。
③ 氮氧化物在大气中的化学转化、传输和沉降。
④ 氮氧化物对人体的影响。

## 参考文献

[1]　倪宏宁，刘岗，郑莉燕.600MW 超临界燃煤机组 SCR 烟气脱硝工程实例 [J].上海电力学院学报，2010，26（1）：31-35.

# 10　固体废物控制技术案例

《中华人民共和国固体废物污染环境防治法》（1996 年 4 月 1 日施行）2016 年予以修订通过。在修订后的《中华人民共和国固体废物污染环境防治法》中明确提出：固体废物是指在生产、生活和其他活动中产生的丧失原有利用价值或者虽未丧失利用价值但被抛弃或者放弃的固态、半固态和置于容器中的气态的物品、物质以及法律、行政法规规定纳入固体废物管理的物品、物质。

随着我国城市化建设的不断深入，城市垃圾处理正逐步成为一大难题。有关资料显示，城市生活垃圾年产生数量超过 1 亿吨，且以每年 10％的速度增长。除县级城市外的 668 个城市，我国已有 2/3 的大、中城市陷入"垃圾围城"，且有 1/4 的城市已没有合适场所堆放垃圾。城市垃圾堆存累计侵占土地超过 5 亿平方米，每年的经济损失多达 300 亿元。城市垃圾的处理，正成为我国各级政府面临的一件重要而紧迫的任务。2011 年 4 月，国务院批转了《关于进一步加强城市生活垃圾处理工作的意见》，要求各地提高城市生活垃圾处理过程中的减量化、资源化和无害化水平，从而改善城市人居环境。

"三化"指减量化、资源化、无害化。垃圾处理的最终目标，是在较短时间内清除垃圾，消除垃圾中的毒害成分，并对其中的可回收部分进行利用。有效处理垃圾，不仅要实现处理工作的环境价值，还要实现垃圾的经济效益，用最低的成本获得最佳的收益，促进垃圾的循环利用。

## 10.1　垃圾填埋处置案例

随着城市化的进一步推进，如何有效地进行垃圾处理和管理已成为每个城市追求可持续发展时必须面对的问题。只有解决好垃圾处理的问题，才能协调好城市经济的发展与人口、环境、资源间的相互关系。垃圾处理的"减量化、无害化、资源化"，贯穿整个垃圾管理的全过程，已成为垃圾处理和管理的核心内容。

填埋是进行固体废物最终处置的较为理想的方法之一。它是由传统的废物堆放和填地技术发展起来的一种城市固体废物处置技术。经过长期的改良，废物填埋已演变成一种系统而成熟的科学工程方法，即现代（卫生）填埋法。该法是利用工程手段，采用有效技术措施，防止渗滤液及有害气体对水体、大气和土壤环境的污染，使整个填埋作业及废物稳定过程对公共安全及环境均无危害的一种土地处置废物方法。

### 10.1.1 案例：韩国首尔 SUDOKWON 填埋场

（1）事件描述

2002 年韩日世界杯举行之前，韩国首尔实施了一系列公园建造工程，天空公园就是为 2002 年的韩日世界杯修建的 "世界杯公园"，并且是当时修建的 5 个世界杯公园中地理位置最高的。

天空公园位于首尔上岩洞，如图 10-1 所示，20 世纪 70~90 年代，这里曾是首尔最贫瘠的地方，一度是首尔最大的生活垃圾填埋场，原本地势低洼，曾种植过花生和玉米，集中了近 9200t 的生活垃圾，形成了一座规模相当于埃及金字塔 33 倍的 "垃圾山"。1994 年，首尔市政府决定将世界杯足球赛的场馆建在上岩洞，同时对垃圾场进行生态改造。首尔市政府希望通过设计，将一个贫瘠、遗忘的地区改建成为一个可以创造经济奇迹的地方，并实现人与自然的和谐相处。

（2）原因分析

如今环境问题已经引起了全世界的重视，在城市化的发展过程中，城市垃圾大

图 10-1　韩国首尔 SUDOKWON 填埋场（天空公园）

量增加，其堆放、处理已经成为一个巨大的环保难题。

韩国首都首尔是韩国最大的城市，密集的人口带来的垃圾处理问题，多年前已成为首尔市政府最棘手的问题之一。

（3）影响分析

多年前，韩国首尔也曾面临"垃圾围城"的困局。随着严格实行垃圾分类和大力推行减少垃圾排放的措施，首尔已经走出一条破解"垃圾围城"困局的道路，并在特大城市成功解决垃圾问题方面，一举成为世界公认的样板。

（4）对策分析

首尔市平均每天的垃圾产生量约为 4.2 万吨，其中建筑垃圾占 69%，约有 3 万吨；生活垃圾占 26%，约为 11500t，平均每人每天约产生 1.1kg 生活垃圾。在所有的垃圾当中，再回收利用的垃圾占 73%。而在不可回收利用、必须经过处理的垃圾处置方式中，焚烧约占 40%，填埋比例稍高一点，约 44%。

居民的生活垃圾分类回收再利用后剩下的全部用来焚烧，焚烧量超过了全部生活垃圾的 40%。目前首尔市共有 4 座大型的垃圾焚烧厂，再加上其他的小型垃圾焚烧厂，每天焚烧的垃圾超过 4000t。焚烧成了首尔市处理居民生活垃圾的最主要方式。

另外，居民要做好垃圾分类。通过垃圾分类处理和再利用后，真正用来焚烧的垃圾已经不多，只有一些厕所里用过的废弃物和小孩子的尿布。垃圾焚烧产生的热量用来给居民供热，饮食垃圾可以用来做饲料。最后实在不能回收利用的垃圾再拿来焚烧，所以可焚烧的垃圾占有量会较少。除了垃圾焚烧以外，首尔还保留有一个垃圾填埋场。由于实行了垃圾分类，减少了垃圾排放量，原本只能用到 2022 年的这座填埋场预计可以使用到 2044 年。

（5）类似案例

我国的长安垃圾填埋场：长安垃圾填埋场位于成都市龙泉区洛带镇万兴乡，全称为成都市固体废弃物卫生处置场。1992 年 12 月建成，1993 年正式投入使用，是目前成都市生活垃圾处理的主要场所。主要处理对象为生活垃圾、危险废物、医疗垃圾、粪渣等固体废物。其内部设有医疗垃圾处理中心、粪渣无害化处理厂、卫生填埋库区、垃圾渗滤液处理厂。

## 10.1.2　教学活动

（1）垃圾填埋场的分类

① 简易填埋场（Ⅳ级填埋场）

这是我国传统沿用的填埋方式，其特征是：基本上没有什么工程措施；或仅有部分工程措施，也谈不上执行什么环保标准。目前我国约有 50% 的城市生活垃圾填埋场属于Ⅳ级填埋场。Ⅳ级填埋场为衰减型填埋场，它不可避免地会对周围的环境造成严重污染。

② 受控填埋场（Ⅲ级填埋场）

Ⅲ级填埋场在我国约占 30%，其特征是：虽有部分工程措施，但不齐全；或者是虽有比较齐全的工程措施，但不能满足环保标准或技术规范。主要问题集中在场底防渗、渗滤液处理、日常覆盖等不达标。Ⅲ级填埋场为半封闭型填埋场，也会对周围的环境造成一定的影响。对现有的Ⅲ、Ⅳ级填埋场，各地应尽快列入隔离、封场、搬迁或改造计划。

③ 卫生填埋场（Ⅰ、Ⅱ级填埋场）

这是我国不少城市开始采用的生活垃圾填埋技术，其特征是：既有比较完善的环保措施，又能满足或大部分满足环保标准。Ⅰ、Ⅱ级填埋场为封闭型或生态型填埋场。其中Ⅱ级填埋场（基本无害化）在我国约占 15%，Ⅰ级填埋场（无害化）在我国约占 5%，深圳下坪、广州兴丰、上海老港四期生活垃圾卫生填埋场是其代表。

（2）垃圾填埋场地的选择

垃圾填埋场地的选择是卫生土地填埋场全面设计规划的关键，通常要遵循两条原则：一是场地能满足防止污染的需要，二是经济合理。

一般要考虑以下因素：

① 垃圾：根据垃圾的来源、种类、性质和数量确定场地的规模；

② 地形：要便于施工，避开洼地，泄水能力要强，可处置至少 20 年填埋的废物量；

③ 土壤：要容易取得覆盖土壤，土壤容易压实，防渗能力强；

④ 水文：地下水位应尽量低，距最下层填埋物至少 1.5m；

⑤ 气候：能蒸发大雨降水，避开高寒区；

⑥ 噪声：运输及操作设备噪声不影响附近居民的工作和休息；

⑦ 交通：要方便，具有能够在各种气候下运输的全天候公路；

⑧ 距离与方位：运输距离适宜，位于城市的下风向；

⑨ 土地征用：要容易征得，比较经济；

⑩ 开发：便于开发利用。

### 10.1.3 知识要点

① 固体废物的处置分类。

② 填埋的定义。

③ 填埋场的分类。

④ 现代填埋场的基本构成及其优点。

⑤ 填埋场的选址条件。

⑥ 填埋处置技术的分类。

## 10.2 垃圾焚烧处理案例

对生活垃圾和危险废物进行焚烧处理，始于 19 世纪中后期。当时主要为了公共卫生和安全，主要焚毁传染病疫区可能带来的诸如霍乱、伤寒、猩红热等传染性病毒和病菌的垃圾，以控制其对人体健康有巨大危险的传染性疾病的扩散和传播。在某种意义上讲，这是世界上最早出现的危险废物和生活垃圾焚烧处理工程。在此之后，英国、美国、法国等国家先后开展了大量有关垃圾焚烧的研究，并相继建成了一批用于处理生活垃圾的焚烧炉，如英国的双层垃圾焚烧炉、美国的安德森焚烧炉等。

进入 20 世纪以来，随着科学技术的不断进步，人们在总结过去成功经验和失败教训的基础上，垃圾焚烧技术有了新的发展，相继出现了机械化操作和连续垃圾焚烧炉。焚烧炉设置了必要的旋风除尘等烟气净化处理装置。到 20 世纪 60 年代，世界发达国家的垃圾焚烧技术已初具现代化规模，出现了连续运行的大型机械化炉排和由机械除尘、静电收尘及洗涤等技术构成的较高效率的烟气净化系统。自 21 世纪以来，世界各国的焚烧技术有了空前快速的发展。如日本，现约有数千座垃圾焚烧炉、数百座垃圾发电站。美国的垃圾焚烧率高达 40% 以上，垃圾发电容量达到 2000MW 以上。新加坡垃圾 100% 进行高温焚烧处理。

焚烧是指生活垃圾和危险废物的燃烧，包括蒸发、挥发、分解、烧结、熔融和氧化还原等一系列复杂的物理、化学变化，以及相应的传质和传热的综合过程。进行燃烧必须具备三个基本条件：可燃物质、助燃物质和引燃物质，并在着火条件下才会着火燃烧。可燃性物质燃烧，特别是生活垃圾的焚烧过程，是一系列复杂的反应过程，通常可将焚烧过程划分为干燥、热分解、燃烧三个阶段。焚烧过程实际上是干燥脱水、热化学分解、氧化还原反应的综合作用过程。

### 10.2.1 案例：九峰垃圾焚烧厂

（1）事件描述

2012 年 8 月 9 日，杭州市政府成立"杭州市九峰垃圾焚烧厂建设工作领导小组"。根据杭州市政府及杭州城投集团的相关要求，建设西部新的垃圾焚烧发电工程即"杭州九峰垃圾焚烧发电工程"。

（2）原因分析

2013 年以来，杭州市区垃圾年增长率在 10% 左右。杭州市区生活垃圾处理量达 308 万吨，日均 8456t，仅此一年的垃圾量，就能填满 1/5 个西湖，而主城区的垃圾还在继续以每年 10% 的速度增加。目前杭州两座垃圾填埋场加上 4 座垃圾焚烧厂，总垃圾处理能力为 6200t/d，其余的垃圾只能选择填埋，这实际上对环境的负面影响更大。天子岭垃圾填埋场设计规模 2671t/d，2013 年最高日填埋量已达 5408t，超出设计能力 1 倍以上；若仍无新增垃圾末端处置能力，预计只能再用 5 年。新建垃圾焚烧厂已经迫在眉睫，刻不容缓。

（3）影响分析

杭州九峰垃圾焚烧项目计划一期日烧垃圾 3200t，二期日烧垃圾 5600t。垃圾焚烧发电厂的建设是一项变废为宝的项目，尤其能够解决城市日益严峻的垃圾处置问题。

（4）对策分析

垃圾焚烧处理方式，是目前国内外应用比较成熟的技术，能够有效实现生活垃圾的减量化、无害化和资源化。焚烧处理是住建部《生活垃圾焚烧技术指南》推荐的垃圾处理的主要方法之一，从国内大型城市北京、上海、广州乃至国外看，垃圾处理的主流方式都是焚烧处理。垃圾焚烧在国际上已有 100 多年历史，管理规范比较完善、技术相对成熟可靠，而垃圾填埋方式则有占用土地多、渗滤液难处理等缺陷和不足。焚烧具有减容效果好、无害化彻底和资源化率高等优点。

目前发达国家先进城市生活垃圾最主要的处理方式是焚烧，尤其是在土地资源稀缺、经济发达、人口较多的城市。据统计，目前有 35 个发达国家和地区建有上千座生活垃圾焚烧厂，主要分布在欧洲、日本、美国等发达国家和地区。欧盟国家共建有焚烧厂几百座。美国虽然土地辽阔，但仍有上百座垃圾焚烧厂。

九峰垃圾焚烧发电厂建设规模为日处理生活垃圾 3000t，主要由垃圾接收及储存系统、垃圾焚烧系统、余热锅炉系统、烟气净化系统、污水处理系统等组成。选用国际先进焚烧炉技术、自动燃烧控制系统（ACC）；采用成熟可靠的"SNCR＋

（半干法＋干法）脱酸＋活性炭喷射＋布袋除尘器＋SCR＋活性炭吸附装置"烟气净化工艺，排放指标达到并且部分指标严于欧盟 2000 标准。

垃圾焚烧发电厂在运行中控制燃烧条件（如炉膛温度高于 850℃，烟气停留时间大于 2s，保持烟气湍流流动和适度的过氧量），保证二噁英等有机物的彻底分解。焚烧厂要安装各种有效的尾气处理设备，如布袋除尘、活性炭吸附有害物质等，使得垃圾焚烧尾气污染物排放达到规定标准要求。

（5）类似案例

哈尔滨垃圾焚烧发电厂是利用中日绿色援助计划，在我国兴建的第一座垃圾焚烧余热利用国家级示范工程。该工程于 2000 年 8 月破土动工，2002 年 3 月 26 日焚烧炉正式启动点火，2002 年 10 月 22 日全面竣工投产运行，该电厂是我国东北第一座垃圾焚烧发电厂。垃圾焚烧产生的高温烟气被余热锅炉充分吸收，余热锅炉产生的蒸汽送往功率为 3000kW 抽凝式汽轮式汽轮机发电。该垃圾电厂日处理垃圾量 200t，年发电量达 2100 万千瓦时，产生蒸汽量 7.2 万吨。已连续运行 2 年 6 个月。

## 10.2.2 教学活动

生活垃圾焚烧烟气中的二噁英是近几年来世界各国普遍关心的问题。二噁英类剧毒物质对环境造成很大危害，有效控制二噁英类物质的产生与扩散，直接关系到垃圾焚烧及垃圾发电技术的推广和应用。

控气型热解焚烧炉将焚烧过程分为两级燃烧室，一燃室进行垃圾热分解，温度控制在 700℃ 以内，让垃圾在缺氧状态下低温分解，这时金属 Cu、Fe、Al 等不会被氧化，会大大减少二噁英的量；同时，HCl 的产生量因缺氧燃烧会减少，并且在还原气氛下也难以大量生成。由于控气型垃圾焚烧炉是固体床，所以不会产生烟尘，不会有未燃尽的残炭进入二燃室。垃圾中的可燃成分分解为可燃气体，并引入氧气充足的二燃室燃烧。二燃室温度在 1000℃ 左右并且烟道长度使烟气能够停留 2s 以上，保证了二噁英等有毒有机气体在高温下完全分解燃烧。此外使用布袋除尘器避免了使用静电除尘时 Cu、Ni、Fe 颗粒对二噁英生成的催化作用。

二噁英在焚烧炉内的生成来源是石油产品、含氯塑料等。生活垃圾中含大量的氯化钠（NaCl）、氯化钾（KCl）等化学物质，垃圾中的有机物质在含有氯的环境下燃烧，就会产生二噁英。

二噁英和呋喃被许多人视为健康危害。老式的焚化炉，因没有配备足够的气体净化技术，确实是二噁英排放的重要来源。然而，如今由于气体排放控制设计要求的提高及政府新的管制力的强化，焚化炉的排放事实上已经没有二噁英产生了。在

2005 年，针对当时全国的 66 座焚化炉，德国环境部统计"在 1990 年德国有 1/3 的二噁英排放来自垃圾焚化工厂，到 2000 年，它们只占到全部二噁英排放的 1％。其他烟囱和家庭燃气灶合计向环境排放的二噁英是垃圾焚烧工厂的 20 倍。"据美国环保署报道，焚烧厂不再是二噁英和呋喃排放的重要来源。在 1987 年，政府法例规定要求排放控制之前，总计有 10000g（350oz）的二噁英排放源自美国的垃圾焚烧炉。全美 87 座焚烧炉仅仅年排放 10g（0.35oz）二噁英，削减量达到了 99.9％。家庭后院焚烧家居和园林垃圾，在一些农村地区仍然是被允许的，它们每年能产生 580g（20oz）的二噁英。美国环保署 1997 年的研究表明，一个家庭使用一个大桶焚烧垃圾产生的二噁英排放比一个垃圾焚烧工厂每天处理 200t 垃圾的排放更多。

### 10.2.3　知识要点

① 固体废物处理与利用的热处理法的分类。
② 固体焚烧处理的定义。
③ 焚烧的原理及过程。
④ 燃烧的基本条件。
⑤ 焚烧技术的分类。
⑥ 焚烧的主要影响因素及其产生的污染物。

## 10.3　农业固体废物堆肥处理案例

堆肥是一种有机肥料，所含营养物质比较丰富，且肥效长而稳定，同时有利于促进土壤固体结构的形成，能增加土壤保水、保温、透气、保肥的能力，而且与化肥混合使用又可以弥补化肥所含养分单一，长期使用单一化肥使土壤板结，保水、保肥性能减退的缺陷。堆肥是利用各种植物残体（作为秸秆、杂草、树叶、泥炭、垃圾以及其他废物等）为主要原料，混合人畜粪尿经堆制腐解的有机肥料。

堆肥化实际上是利用微生物在一定条件下对有机物进行氧化分解的过程，因此根据微生物生长的环境可以将堆肥化分为好氧堆肥和厌氧堆肥两种。但通常所说的堆肥化一般是指好氧堆肥，因为厌氧堆肥过程中有机物分解速率缓慢，处理效率低，容易产生恶臭，其工艺条件也比较难控制。最近，在欧洲一些国家已经对堆肥化的概念进行了统一，定义堆肥化为"在有控制的条件下，微生物对固体、半固体的有机废物进行好氧的中温或高温分解，并产生稳定腐殖质的过程。"

### 10.3.1 案例：北京三中惠农农业科技发展有限公司农业废物循环利用 示范点

（1）事件描述

如今随着农田废弃物循环利用项目的建设，果蔬残体随意丢弃等问题得到有效解决。北京三中惠农农业科技发展有限公司产生的果蔬残体等废物经过北京阳光盛景集团子公司谷润科农自主研发的设备和技术，经过粉碎、发酵、翻倒等一系列流程，将这些废物直接变成有机肥料，作为下一季果蔬种植的肥料，从而达到生态循环的效果。

（2）原因分析

北京三中惠农农业科技发展有限公司拥有耕地 1000 亩，主要种植萝卜、菠菜、西红柿等农作物，年产萝卜 500t、菠菜 300t、西红柿 350t。农产物高产量之后带来的果蔬残体废物问题令人烦恼。每到收获时节，在丰收果实的同时也产生大量的果蔬残体废物，粗略估计该园区每年产生果蔬残体 2000t。

三中惠农农业科技发展有限公司因没有很好的农业废物处理的方法，在每次果蔬成熟之际，果蔬残体随意丢弃，任这些残体发臭腐烂，既污染环境，又不利于生态农业园的建设。

（3）影响及对策分析

阳光盛景集团子公司羌郎肥业为三中惠农农业园区建设的农业废物循环利用项目可以为三中惠农公司创造以下价值：

① 解决农业废物污染问题；

② 解决农业废物资源浪费问题；

③ 将果蔬残体加工成有机肥，达到变废为宝的效果；

④ 该项目每年可为三中惠农农业园区生产几千吨有机肥，将这些有机肥用于农业种植可为园区节省有机肥采购；

⑤ 由于有机肥的使用，可以为合作社农户减少部分数量化肥的使用量，节省相当大的种植成本；

⑥ 增加合作社农田的土壤有机质，防止土壤板结，保护土壤生态环境，实现园区可持续发展。

北京三中惠农农业科技发展有限公司农业废弃物循环利用项目，不仅为三中惠农解决了实实在在的环境问题，创造了不菲的经济价值，而且达到了生态、经济效益双丰收。

（4）类似案例

北京市平谷区农业废弃物循环利用示范点建设包括：夏各庄镇益达丰园区、马昌营镇众力合、诺亚园区和东高村镇珍艺园等 4 个示范点，各示范点以大地阳光生物科技有限公司的固废处理专利技术为基础，对农业废物进行粉碎、发酵等，发酵处理后的废物在蔬菜种植中被循环利用。通过示范点的建设，有效解决了农田垃圾污染的问题，实现有机废弃物资源化利用，为平谷区农业实现家园清洁、田园清洁和可持续发展做出了贡献。

## 10.3.2　教学活动

（1）堆肥制作技术

① 堆肥的材料。制作堆肥的材料，按其性质一般可分为三类。

第一类：基本材料。即不易分解的物质，如各种作物秸秆、杂草、落叶、藤蔓、泥炭、垃圾（蔬菜垃圾）、厨余等。

第二类：促进分解的物质。一般为含氮较多和富含高温纤维分解细菌的物质，如人畜粪尿、污水、蚕沙、马粪、羊粪、老堆肥及草木灰、石灰等。

第三类：吸收性强的物质。在堆积过程中加入少量泥炭、细泥土及少量的过磷酸钙或磷矿粉，可防止和减少氨的挥发，提高堆肥的肥效。

② 材料的处理。为了加速腐解，在堆制前，不同的材料要加以处理。

a.城市垃圾要分选，选去碎玻璃、石子、瓦片、塑料等杂物，特别要防止重金属和有毒的有机和无机物质进入堆肥中。

b.各种堆积材料，原则上要粉碎为好，增大接触面积利于腐解，但需消耗能源和人力，难以推广。一般是将各种堆积材料，切成 6.67～16.67cm 长为好。

c.对于质硬、含蜡质较多的材料，如玉米和高粱秆，吸水较少，最好将材料粉碎后用污水或 2% 石灰水浸泡，破坏秸秆表面蜡质层，利于吸水促进腐解。

d.水生杂草，由于含水过多，应稍微晾干后再进行堆积。

③ 堆制地点。应选择地势较高、背风向阳、离水源较近、运输施用方便的地方为堆制地点。为了运输施用方便，堆积地点可适当分散。堆制地选择好后将其地面平整。

a.设置通气孔道。在已平整夯实的场地上，开挖"十"字形或"井"字形沟，深宽各 15～20cm，在沟上纵横铺满坚硬的作物秸秆，作为堆肥底部的通气沟，并在两条小沟交叉处，与地面垂直安放木棍或捆扎成束的长条状粗硬秸秆，作为堆肥上下通气孔道。

b.堆制材料配方比。一般堆积材料配合比例：各种作物秸秆、杂草、落叶等 500kg 左右，加入粪尿 100～150kg，水 50～100kg（加水多少随原材料干湿而定），每一层可以适当覆盖一层薄土，作用类似于石灰石、泥炭等。为了加速腐熟，每层可接种高湿分解纤维细菌（如酵素菌），若上述细菌缺乏时，可加入适量骡马粪或老堆肥、深层暗沟泥和肥沃泥土，促进腐解。但泥土不宜过多，以免影响腐熟速度和堆肥质量。所以农谚讲：草无泥不烂，泥无草不肥。这充分说明，加入适量的肥土，不但有吸肥保肥的作用，也有促进有机质分解的效果。

c.堆积。在堆积场的通气沟上铺上一层厚约 20cm 的污泥、细土或草皮土作为吸收下渗肥分的底垫。然后将已处理好的材料充分混匀后逐层堆积、踏实。并在各层上泼洒粪尿肥和水后，再均匀地撒上少量石灰、磷矿粉或其他磷肥（堆积材料已用石灰水处理过则可不用），以及羊马粪、老堆肥或接种高温纤维分解细菌。每层需"吃饱、喝足、盖严"。所谓"吃饱"是指秸秆和调节碳氮比的尿素或土杂肥及麦麸要按所需求的量加足，以保证堆肥质量。"喝足"是指秸秆必须被水浸透，加足水是堆肥的关键。"盖严"是指成堆后的堆肥需用泥土密封，可起到保温、保水作用。如此一层一层地堆积，直至堆肥高达 1.2～1.5 米之间为止。每层堆肥的厚度，一般是 15～25cm，上层宜薄，中、下层稍厚，每层加入的粪尿肥和水的用量，要上层多，下层少，方可顺流而下，上下分布均匀。堆宽和堆长，可视材料的多少和操作方便而定。堆肥形做成馒头形或其他形状均可。堆好后及时用 6.67cm 厚的稀泥、细土和旧的塑料薄膜密封，有利于保温、保水、保肥。随后在四周开环形沟，以利排水。

d.堆后管理。一般堆后 3～5d，有机物开始被微生物分解释放出热量，堆内温度缓慢上升，7～8d 后堆内温度显著上升，可达 60～70℃，高温容易造成堆肥内水分缺乏，使微生物活动减弱，原料分解不完全。所以在堆制期间，要经常检查堆肥内上、中、下各个部位的水分和温度变化情况。检查方法，可用堆肥温度计测试。若没有堆肥温度计，可用一根长的铁棍插入堆中，停放 5min 后，拔出用手试之。手感觉发温则堆体温度约 30℃，感觉发热则堆体温度约 40～50℃，感觉发烫则堆体温度约 60℃以上。检查水分可观察铁棍插入部分表面的干湿状况。若呈湿润状态，表示水分适量；若呈干燥状态，表示水分过少，可在堆顶打洞加水。如果堆肥内水分、通气适宜，一般堆后头几天温度逐渐上升，一个星期左右可达到最高，维持高温阶段，不得少于 3d，10d 以后温度缓慢下降。在这种正常情况下，经 20～25d 进行翻堆一次，把外层翻到中间，把中间翻到外边，根据需要加适量粪尿水重新堆积，促进腐熟。重新堆积后，再过 20～30d，原材料已近黑、烂、臭的程度，表明已基本腐熟，就可以使用了，或压紧盖土保存备用。

（2）堆肥腐熟度

① 腐熟良好的条件

a. 水分。保持适当的含水量，是促进微生物活动和堆肥发酵的首要条件。一般以堆肥材料最大持水量的 $60\%\sim75\%$ 为宜。

b. 通气。保持堆中有适当的空气，有利于好氧微生物的繁殖和活动，促进有机物分解。高温堆肥时更应注意堆积松紧适度，以利通气。

c. 保持中性或微碱性环境。可适量加入石灰或石灰性土壤，中和调节酸度，促进微生物繁殖和活动。

d. 碳氮比。微生物对有机质正常分解作用的碳氮比为 25∶1。而豆科绿肥碳氮比为 $(15\sim25)\colon1$、杂草为 $(25\sim45)\colon1$、禾本科作物茎秆为 $(60\sim100)\colon1$。因此根据堆肥材料的种类，加入适量的含氮较高的物质，以降低碳氮比值，促进微生物活动。

② 腐熟程度的检查标准。堆肥腐熟的好坏，是鉴别堆肥质量的一个综合指标。可以根据其颜色、气味、秸秆硬度、堆肥浸出液、堆肥体积、碳氮比及腐质化系数来判断。

a. 从颜色、气味看，腐熟堆肥的秸秆变成褐色或黑褐色，有黑色汁液，具有氨臭味，用铵试剂速测，其铵态氮含量显著增加。

b. 秸秆硬度，用手握堆肥，温时柔软而有弹性；干时很脆，易破碎，有机质失去弹性。

c. 堆肥浸出液，取腐熟堆肥，加清水搅拌后 [肥水比例 $1\colon(5\sim10)$]，放置 3～5min，其浸出液呈淡黄色。

d. 堆肥体积，比刚堆时缩小 $1/2\sim2/3$。

e. 碳氮化，一般为 $(20\sim30)\colon1$（以 $25\colon1$ 最佳）。

f. 腐殖化系数，为 30% 左右。

达到上述指标的堆肥，是肥效较好的优质堆肥，可施于各种土壤和作物。坚持长期施用，不仅能获得高产，对改良土壤、提高地力都有显著的效果。

## 10.3.3 知识要点

① 堆肥化和堆肥的定义。

② 堆肥的分类及其评价指标。

③ 好氧的基本原理与影响因素。

④ 好氧堆肥化的过程。

⑤ 好氧堆肥的工艺。

⑥ 厌氧的基本原理及其影响因素。

⑦ 厌氧堆肥化的过程。

⑧ 厌氧堆肥的工艺。

## 参考文献

［1］ 宁平.固体废物处理与处置［M］.北京：高等教育出版社，2007.

［2］ 孙旭东.基于我国国情的城市生活垃圾管理新思路初探［J］.环境卫生工程，2015，23（2）：66-68.

# 11 噪声控制技术案例

与水体污染、大气污染和固体废物污染不同，噪声污染是一种物理污染，它的特点是即时性，时空局部性和多发性。噪声在环境中只是造成空气物理性质的暂时变化，噪声源的声源停止之后，污染立即消失，不留下任何残余物质。噪声的防治主要是控制声源和声的传播途径，以及对接受者进行保护。

当人置身于较强的噪声环境中一段时间后，会感到耳鸣。此时，假如再到一个安静的环境中，会发现声音听起来弱了，有的声音甚至听不到。但这种情况并不会持续很久，只要在安静的环境中停留一段时间，听觉就会恢复。这种现象称为暂时性听阈迁移，亦称听觉疲劳。若长期在强噪声环境中，内耳听觉器官发生器质性病变，听觉疲劳就会固定下来，造成听力损失，成为永久性的听阈迁移，称为噪声性耳聋。高强噪声（超过140dB）使得内耳膜破裂，导致双耳完全失聪，造成听力损失成为永久性耳聋，称为爆震性耳聋。

国际标准化组织（ISO）确定听力损失25dB为耳聋标准，25~40dB为轻度聋，40~55dB为中度聋，55~70dB为显著聋，70~90dB为重度聋，90dB以上为极度聋。

根据监测对象和目的，可选择以下三种测点条件（指传声器所置位置）进行环境噪声的测量，测量应在无雪雨、无雷电、风速5m/s以下进行。

① 一般户外。距离任何反射物（地面除外）至少3.5m外测量，距地面高度1.2m以上。必要时可置于高层建筑上，以扩大监测受声范围。使用监测车辆测量，传声器应固定在车顶部1.2m高度处。

② 噪声敏感建筑物户外。在噪声敏感建筑物外，距墙壁或窗户1m处，距地面高度1.2m以上。

③ 噪声敏感建筑物内。距离墙面和其他反射面至少1m，距窗约1.5m处，距地面1.2~1.5m高。

## 11.1 吸声技术案例

一台机器，在室内（一般房间）开动发出响声，原因是声源发出的声音遇到墙面、顶棚、地坪及其他物体时，都会发生反射。当机器设备开动时，人们听到的声音除了机器设备发出的直达声外，还能听到由这些表面多次来回反射而形成的反射声，也称混响声。如果在室内顶棚和四壁安装吸声材料或悬挂吸声体，将室内反射吸收掉一部分，室内噪声级将会降低。

利用吸声材料和吸声结构把其表面上的声能量吸收掉，从而在传播途径上降低噪声，指的是吸声处理。吸声处理只是降低了放射声的影响，对直达声是无能为力的。它的降噪量是有限的，最多不会超过 10dB。

声波在媒质中传播时，由其引起的质点振动速度各处不同，存在着速度梯度，使相邻质点间产生相互作用的摩擦和黏滞阻力，阻滞质点运动，通过摩擦和黏滞阻力做功将声能转化为热能。同时，由于声波传播时媒质质点疏密程度各处不同，因而媒质温度也各处不同，存在温度梯度，从而使相邻质点间产生热量传递，使声能不断转化为热能耗散掉。这就是吸声材料或吸声结构的主要吸声机理。

在噪声控制工程中，在选择吸声材料（结构）时，除考虑它的声学特性外，还必须从其他一些方面进行综合评价。不同类型吸声材料，其吸声特性不同；同种吸声材料由于使用方法不同，其吸声性能也有所不同。因此，必须根据不同的使用要求，满足以下条件或侧重一部分进行选用。

① 在所需吸声频带范围内吸声系数要高，吸声性能长期稳定可靠。

② 具有一定的力学强度，在运输、安装和使用过程中不易破损，经久耐用，不易老化。

③ 表面易于装饰，容易清洗，易于保养。

④ 防潮性能好，耐腐防蛀，不易发霉。

⑤ 不易燃烧，满足一定的防火要求。

⑥ 无特殊气味，不危害人体健康。

⑦ 构件填料要均匀，对于松散材料，不因自重而下沉。对洁净度要求较高的场合，材料不发脆而掉渣，也无纤维飞絮等飘散。

⑧ 就地取材，价格便宜。

## 11.1.1 案例：吸声板

（1）技术应用

吸声板（如图 11-1 所示）可以降低 NICU（新生婴儿重症监护病房）内声压、婴儿保温箱内声压、婴儿保温箱内温度报警声压和监护仪报警声压，是一种方便快捷、成本相对低廉的降低 NICU 内噪声的设备。

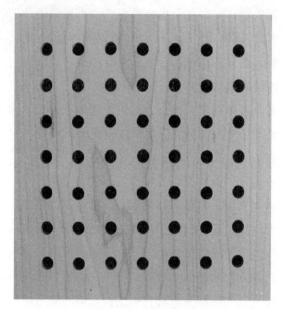

图 11-1　吸声板

（2）原因分析

常用的吸声材料都属于多孔材料。吸声材料具有大量的孔隙，其内部松软多孔，孔与孔之间互相连通。当声波进入多孔材料的孔隙后，能引起孔隙中的空气和材料的细小纤维发生振动。由于空气与孔壁的摩擦阻力、空气的黏滞阻力和热传导等作用，相当一部分声能就会转变成热能而耗散掉，从而起到吸收声能的作用。

（3）影响分析

新生婴儿重症监护病房（NICU）收治的患儿多为病情严重、早产、低出生体质量等危重患儿，由于机体各组织器官功能尚未成熟，对外界环境适应能力差。美国儿科学会建议婴儿保温箱内的声压水平不超过 45dB，但 NICU 的患儿通常暴露在很多不良的环境因素之下。过大的噪声会造成新生儿低氧血症、循环系统反应（心跳过速、高血压）以及行为学改变。噪声还会引发一些远期效应，如干扰婴儿生长和发育，造成睡眠紊乱，干扰生理节律等，长期持续的噪声还会造成听力损害。

## 11.1.2　教学活动

（1）吸声材料

吸声材料指对入射声能有吸收作用的材料。吸声材料主要用于控制和调整室内的混响时间，消除回声，以改善室内的听闻条件；也用于降低喧闹场所的噪声，以改善生活环境和劳动条件；还广泛用于降低空调通风管道的噪声。

（2）吸声材料的分类

吸声材料按吸声机理分为：

① 靠从表面至内部许多细小的敞开孔道使声波衰减的多孔材料，以吸收中高频声波为主，有纤维状聚集组织的各种有机或无机纤维及其制品，以及多孔结构的开孔型泡沫塑料和膨胀珍珠岩制品。

② 靠共振作用吸声的柔性材料（如闭孔型泡沫塑料，吸收中频）、膜状材料（如塑料膜或布、帆布、漆布和人造革，吸收低中频）、板状材料（如胶合板、硬质纤维板、石棉水泥板和石膏板，吸收低频）和穿孔板（各种板状材料或金属板上打孔而制得，吸收中频）。

以上材料复合使用，可扩大吸声范围，提高吸声系数。用装饰吸声板贴壁或吊顶，多孔材料和穿孔板或膜状材料组合装于墙面，甚至采用浮云式悬挂，都可改善室内音质，控制噪声。

多孔材料除吸收空气声外，还能减弱固体声和空气声所引起的振动。将多孔材料填入各种板状材料组成的复合结构内，可提高隔声能力并减轻结构重量。

吸声材料按其物理性能和吸声方式可分为多孔性吸声材料和共振吸声材料两大类。后者包括单个共振器、穿孔板共振吸声材料、薄板吸声材料和柔顺材料等。

（3）吸声材料对吸声效果的影响因素

① 材料的厚度。多孔材料对高频率声音吸声效果明显，即在高频区吸声系数较大；多孔材料对低频率声音吸声效果差，即在低频区吸声系数较小；随着材料厚度的增加，吸声最佳频率向低频方向移动；厚度每增加 1 倍，最大吸收频率向低频方向移动约一倍频程；材料厚度为 $\lambda/4$（最佳吸收频率下的波长）时吸声效果最佳；当声音频率大于 500Hz 时，吸声系数与厚度无关。

② 材料的密度。随着材料密度的增大，最大吸声系数向低频方向移动。

材料层与刚性面间的空气层，当空气层厚度 $d = 1/4\lambda$ 时，吸声系数最大；对于低频率声音来说，$\lambda$ 较大，空气层厚度也要加大，在工程上增加空气层厚度不太合适（对于房顶可适当增加空气层的厚度），一般为 5～10cm。

多孔材料疏松，无法固定，不美观，需表面覆盖护面层（多应用于多孔疏松材料），如护面穿孔板、织物或网纱等。穿孔率（P）即穿孔总面积与未穿孔总面积的比值。穿孔率越大，对中高频率声音吸收效果越好；穿孔率越小，对低频率声音吸收效果越好。

③ 空间吸声体（室内悬挂吸声体）。将吸声体悬挂在室内对声音进行多方位吸

收。吸声体投影面积与悬挂平面投影面积的比值约等于 40% 时，对声音的吸声效率最高。

该法节省吸声材料，对工厂、企业的吸声降噪比较适用。

（4）吸声材料使用的注意问题

根据建筑材料的设计要求和吸声材料的特点，进行材质、造型等方面的选择和设计。建筑上常用的吸声材料有泡沫塑料、脲醛泡沫塑料、工业毛毡、泡沫玻璃、玻璃棉、矿渣棉（包括沥青矿渣棉）、水泥膨胀珍珠岩板、石膏砂浆（掺水泥和玻璃纤维）、水泥砂浆、砖（清水墙面）、软木板等，每一种吸声材料对其厚度、容重、各频率下的吸声系数及安装情况都有要求，应执行相应的规范。建筑上应用的吸声材料一定要考虑安装效果。

① 安装位置。在建筑物内安装吸声材料，应尽量装在最容易接触声波和反射次数多的表面上，也要考虑分布的均匀性，不必都集中在顶棚和墙壁上。大多数吸声材料强度较低，除安装操作时要注意之外，还应考虑防水、防腐、防蛀等问题。尽可能使用吸声系数高的材料，以便使用较少的材料达到较好的效果。

② 材质的选择。用作吸声材料的材质应尽量选用不易燃、不易虫蛀发霉、耐污染、吸湿性低的材料。由于材料的多孔性容易吸湿、易发生尺寸变形，所以安装时要注意膨胀问题。

③ 材料的装饰性。吸声材料都是装于建筑物的表面。因此，在设计造型与安装时均应考虑到它与建筑物的协调性和装饰性。使用装饰涂料时注意不要将细孔堵塞，以免降低吸声效果。

④ 材料结构的特征。多孔吸声材料，如玻璃棉、岩棉、泡沫塑料、毛毡等具有良好的吸声性能，不是因为表面粗糙，而是因为多孔材料从表到里具有大量均匀、互相连通的微孔，且表面微孔向外敞开，具有适当的通气性，这种气孔越多，吸声效果越好。

## 11.1.3 知识要点

① 吸声的定义、原理。

② 常用的吸声材料、吸声材料的吸声系数及吸声量。

③ 吸声特性及影响因素。

④ 吸声结构、吸声结构的分类及其原理。

⑤ 吸声降噪量的计算。

⑥ 平均吸声系数和平均自由程的概念。

⑦ 直达声场和混响声场的概念。

## 11.2　隔声技术案例

由于声能可被反射和吸收，穿透障碍物传出来的声能总是或多或少小于入射声波的能量，这种由屏障物引起的声能降低的现象称为隔声。具有隔声能力的屏障物称为隔声构件。由不同隔声构件组成的具有良好隔声性能的房间叫作隔声间或隔声室。采用适当的隔声措施，如采用隔声墙、隔声屏障、隔声罩、隔声间，一般能降低噪声 15～20dB。

隔声技术中，通常将板状或墙状的隔声构件称为隔声墙。仅有一层墙板，称为单层隔声墙；有两层或多层，层间有空气或其他材料，则称为双层或多层隔声墙。

当声源较多时，采用单一噪声控制措施不易奏效，采用多种措施成本高，此时可以把声源围蔽在局部空间内，以降低噪声对周围环境的污染。

将噪声源封闭在一个相对小的空间内，以减少向周围辐射噪声的罩状壳体通常称为隔声罩（图 11-2）。隔声罩通常是兼有隔声、吸声、阻尼、隔振和通风、消声等功能的综合结构体。常用的隔声罩有密封型、局部开敞型、固定型与活动型。

图 11-2　隔声罩

在声源与接收点之间设置挡板，阻断声波的直接传播，这样的结构叫隔声屏或声屏障，一般用于车间、办公室或道路两侧。设置隔声屏的方法简单、经济，便于拆装与移动，因而应用范围较广。

### 11.2.1 案例：隔声罩

（1）技术应用

常用于高速公路、高铁、桥梁、发动机等运行处，或其他噪声较大的地方，可减少噪声对环境的影响。

（2）原因分析

隔声罩可以从声波的传播途径上对噪声源进行有效的治理，一般隔声罩具有隔声、吸声、阻尼、隔振和通风、消声等功能。

隔声罩外壳由一层不透气的具有一定重量和刚性的金属材料制成，一般用 2~3mm 厚的钢板铺上一层阻尼层。阻尼层常用沥青阻尼胶浸透的纤维织物或纤维材料（用沥青浸麻袋布、玻璃布、毡类或石棉绒等），有的用特制的阻尼浆。

外壳附加阻尼层是为了避免发生板的吻合效应和板的低频共振。外壳也可以用木板或塑料板制作，轻型隔声结构可用铝板制作。隔声要求高的隔声罩可做成双层壳，内层较外层薄一些；两层的间距一般是 6~10cm，填以多孔吸声材料。罩的内侧附加吸声材料，以吸收声音并减弱空腔内的噪声。在这层吸声材料上覆一层穿孔护面板，其穿孔的面积约占护面面积的 20%~30%。

在罩和机器、罩和基础之间，通常填以橡皮垫，以防止振动的传播。可以开启的活门和观察孔，要密封好。对于需要散热的设备，应在隔声罩上留有必要的通风管道。

（3）影响分析

不利影响：会给维修、监视、管路布置等带来不便，并且不利于所罩装置的散热，有时需要通风以冷却罩内的空气。

有利影响：可以有效地阻隔噪声的外传，减少噪声对环境的影响。

（4）选型分析

① 隔声罩的主要类型：全封闭式隔声罩、活动式隔声罩、半封闭式隔声罩。

② 由于隔声罩常用于高铁、公路、桥梁，所以要选择适当的形状。形状应与该声源装置的轮廓相似，罩壁尽可能接近声源设备的外壳。选择适当材料：隔声罩的壁材应具有足够大的透射损失（transmission loss）。

### 11.2.2 教学活动

（1）隔声材料成分结构

凡是能用来阻隔噪声的材料，统称为隔声材料。

比较常见的隔声材料有实心砖块、钢筋混凝土墙、木板、石膏板、铁板、隔声毡、纤维板等。严格意义上说，几乎所有的材料都具有隔声作用，其区别就是不同材料间隔声量的大小不同而已。同一种材料，由于面密度不同，其隔声量存在比较大的变化。不透气的固体材料，对于空气中传播的声波都有隔声效果。隔声效果的好坏取决于材料单位面积的质量。

(2) 建筑隔墙材料及隔声构件

为了合理地选用材料，提高建筑物吸声和隔声处理的效果，首先从概念上将吸声、隔声、吸声材料、隔声材料区别开来，这应当是建筑物噪声控制中的基本问题。

目前常用的隔墙材料和隔声构件主要有 5 大类，它们的隔声状况大体如下。

① 混凝土墙。200mm 以上厚度的现浇实心钢筋混凝土墙的隔声量与 240mm 厚的黏土砖墙的隔声量接近。150～180mm 厚的钢筋混凝土墙的隔声量约为 47～48dB，但面密度 200kg/m² 的钢筋混凝土多孔板，隔声量在 45dB 以下。

② 砌块墙。砌块品种较多，按功能划分有承重和非承重砌块。常用砌块主要有陶粒、粉煤灰、炉渣、砂石等混凝土空心和实心砌块，石膏、硅酸钙等砌块。

砌块墙的隔声量随着墙体的重量和厚度的不同而不同。面密度与黏土砖墙相近的承重砌块墙，其隔声性能与黏土砖墙也大体相接近。水泥砂浆抹灰轻质砌块填充隔墙的隔声性能，在很大程度上取决于墙体表面抹灰层的厚度。两面各抹 15～20mm 厚水泥砂浆后的隔声量约为 43～48dB。面密度小于 80kg/m² 的轻质砌块墙的隔声量通常在 40dB 以下。

③ 条板墙。砌筑隔墙的条板通常厚度为 60～120mm，面密度一般小于 80kg/m²，具备质轻、施工方便等优点。

条板墙可再细划为两类：一类是用无机胶凝材料与集料制成的实心或多孔条板，如（增强）轻集料混凝土条板、蒸汽加压混凝土条板、钢丝网陶粒混凝土条板、石膏条板等，这类单层轻质条板墙的隔声量通常在 32～40dB；另一类是由密实面层材料与轻质芯材在生产厂预复合成的预制夹芯条板，如混凝土岩棉或聚苯夹芯条板、纤维水泥板轻质夹芯板等。预制夹芯条板墙的隔声量通常在 35～44dB。

④ 薄板复合墙。薄板复合墙是在施工现场将薄板固定在龙骨的两侧而构成的轻质墙体。薄板的厚度一般在 6～12mm，薄板用作墙体面层板，墙龙骨之间填充岩棉或玻璃棉。薄板品种有纸面石膏板、纤维石膏板、纤维水泥板、硅钙板、钙镁板等。

薄板本身隔声量并不高，单层板的隔声量在 26～30dB，而它们和轻钢龙骨、岩棉（或玻璃棉）组成的双层中空填棉复合墙体，却能获得较好的隔声效果。它们的隔声量通常在 40～49dB。增加薄板层数，墙的隔声量可大于 50dB。

⑤ 现场喷水泥砂浆面层的芯材板墙。该类隔墙是在施工现场安装成品芯材板后，再在芯材板两面喷覆水泥砂浆面层。常用芯材板有钢丝网架聚苯板、钢丝网架岩棉板、塑料中空内模板。

这类墙体的隔声量与芯材类型及水泥砂浆面层厚度有关，它们的隔声量通常在 35～42dB。

（3）墙板隔声的一些基本特性和规律

① 隔声量随材质的不同而有变化。单层均匀密实墙板的隔声量服从建筑声学的"隔声质量定律"，即隔声量与构件面密度成正比，面密度每增加一倍，隔声量大约提高 4～5dB。声波投射于墙板时，重的墙比轻的墙不易激发振动，低的频率比高的频率容易激发振动，因此，重墙比轻墙隔声好，高频比低频隔声好。

轻质隔墙的面密度受限制，欲提高它们的隔声量，应用双层或多层复合构造。

② 空气层的设置。采用双层墙构造，并在两层墙之间留一定空气层间隙，由于空气层的弹性层作用，可使总墙体的隔声量超过质量定律的计算值。

③ 吸声材料的应用。在双层墙的空气层中放置吸声材料，将进一步提高双层墙的隔声量，并且吸声材料的厚度越大，吸声材料的吸声性能越好，隔声量的提高也就越显著。

双层墙空气层中放置吸声材料，对于轻质双层墙来讲，其效果比重质双层墙更为显著。

④ 应注意声桥的出现。双层墙的空气层之间应尽量避免固体的刚性连接——声桥。若有声桥存在，将破坏空气层的弹性层作用，使隔声量下降。

空心板隔墙或空心砌块隔墙的空心部分，虽然能减轻墙体重量，但对隔声不利。对空心板、空心砌块之类的建筑构件以及砌筑起来的空斗墙等，其内空腔不能误认为是能起隔声作用的空气层，因为这些空腔的周围是百分之百刚性连接的声桥，完全不起空气层的弹性层作用。同材质的空心板与实心板相比，在面密度相同时，前者的隔声量将低于或近似等于后者的隔声量。

⑤ 抹灰层可增加隔声量。孔洞与缝隙对隔声有极大的不利影响，墙体上细微的孔洞、缝隙会使高频隔声量下降，随着孔洞或缝隙的加大，高频隔声量逐渐下降，且影响向中、低频扩展。

一些轻骨料的空心砌块墙，由于砌块材料中存在大量相互贯通的小孔和细缝，砌块砌筑完毕后必须在墙体表面进行抹灰（密封）处理，否则隔声量很低。例如，某190mm厚陶粒空心砌块砌筑的墙体，表面不抹灰时隔声量低于20dB，抹灰层的厚度增加到30mm以后，墙体的隔声量达到50dB。

⑥ 不同材质的板可避免"吻合"现象。墙板被声波激发进行弯曲振动时，在一定频段会发生吻合现象（效应），形成隔声低谷。吻合频率不仅与墙板刚度和面密度有关，而且随板厚增加，频率下移。

双层薄板复合墙两面的墙板，选用两种不同厚度或不同材质的板，可防止两板同时发生吻合现象，使得两面板的吻合谷相互错开，从而改善墙体的隔声性能。

## 11.2.3　知识要点

① 隔声的定义、原理。

② 透声系数、隔声量、插入损失的概念。

③ 单层均质墙的隔声特性。

④ 多层墙的隔声特性。

⑤ 隔声间的定义、隔声间降噪的计算。

⑥ 隔声罩的定义及其设计。

⑦ 隔声屏的定义及其设计。

## 11.3　消声技术案例

消声器是一种允许气流通过，又能有效阻止或减弱噪声向外传播的装置。性能优良的消声器可以使气流噪声降低20～40dB（A），故在噪声控制中得到广泛应用。

### 11.3.1　案例：消声室

消声是指消除空气动力性噪声的方法。将消声器安装在空气动力设备的气流通道上，阻止或减弱噪声的传播。

（1）技术应用

消声室（图11-3）不仅是声学测试的一个特殊实验室，而且是测试系统的重要组成部分，实际上它也是声学测试设备之一，其声学性能指标直接影响测试的精度。消声室的主要用途是测试抗噪声送、受话器的灵敏度、频响和方向性等电声性能。

消声室的一大应用是对车辆发动机进行噪声研究及分析评价检测。

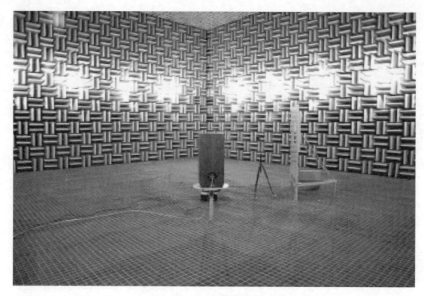

图 11-3　消声室

（2）原因分析

消声室是指一间没有反射的房间，要求当声源或接收器置于地面上时，声源和接收器之间只有直达声，而没有反射声干扰或外界噪声干扰。在消声室的墙壁上均铺设有吸声性能良好的吸声材料。因此，室内便不会有声波的反射。

消声室所用的吸声材料，要求吸声系数大于 0.99。一般使用渐变吸收层，常用尖劈或圆锥结构，以玻璃棉作为吸声材料，也有用软泡沫塑料的。

（3）影响分析

消声室是声学实验和噪声测试中极其重要的实验场所。其作用是提供一个自由场或半自由场空间的低噪声测试环境，并采取良好的隔声和隔振装置，避免外界环境的干扰。对于声学实验进行以及噪声测试具有重要意义。

（4）对策分析

现如今的消声室主要类型：全消声室、半消声室（图 11-4）、简易消声室。

工业上常用的消声室为半消声室，造价比全消声室低廉，缺点是当声源的等效声中心或接收器高出地面较多时，声反射的影响使声场严重偏离自由场，这种现象在频率高时更为显著，因此半消声室存在高频限制。

## 11.3.2　教学活动

（1）消声器的种类

消声器的种类很多，但究其消声机理，又可以把它们分为六种主要的类型，即

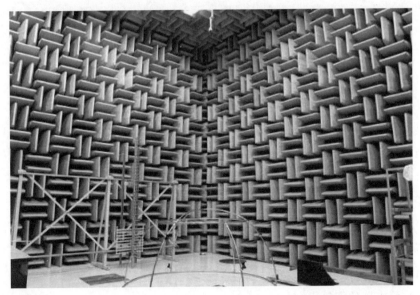

图 11-4　半消声室

阻性消声器、抗性消声器、阻抗复合式消声器、微穿孔板消声器、小孔消声器和有源消声器。

　　① 阻性消声器。主要是利用多孔吸声材料来降低噪声的。把吸声材料固定在气流通道的内壁上或按照一定方式在管道中排列，就构成了阻性消声器。当声波进入阻性消声器时，一部分声能在多孔材料的孔隙中摩擦而转化成热能耗散掉，使通过消声器的声波减弱。阻性消声器就好像电学上的纯电阻电路，吸声材料类似于电阻。因此，人们就把这种消声器称为阻性消声器。阻性消声器对中高频消声效果好、对低频消声效果较差（主要应用于发电机机组消声）。

　　② 抗性消声器。是由突变界面的管和室组合而成的，与电学滤波器相似，每一个带管的小室是滤波器的一个网孔，管中的空气质量相当于电学上的电感和电阻，称为声质量和声阻。小室中的空气体积相当于电学上的电容，称为声顺。与电学滤波器类似，每一个带管的小室都有自己的固有频率。当包含各种频率成分的声波进入第一个短管时，只有在第一个网孔固有频率附近的某些频率的声波才能通过网孔到达第二个短管口，而另外一些频率的声波则不可能通过网孔，只能在小室中来回反射，因此，我们称这种对声波有滤波功能的结构为声学滤波器。选取适当的管和室进行组合，就可以滤掉某些频率成分的噪声，从而达到消声的目的。抗性消声器适用于消除中、低频噪声。

　　③ 阻抗复合式消声器。由阻性结构和抗性结构按照一定的方式组合构成。

④ 微穿孔板消声器。一般是用厚度小于 1mm 的纯金属薄板制作，在薄板上用孔径小于 1mm 的钻头穿孔，穿孔率为 1%～3%。选择不同的穿孔率和板厚不同的腔深，就可以控制消声器的频谱性能，使其在需要的频率范围内获得良好的消声效果。

⑤ 小孔消声器。结构是一根末端封闭的直管，管壁上钻有很多小孔。小孔消声器是以喷气噪声的频谱为依据，如果保持喷口的总面积不变而用很多小喷口来代替，当气流经过小孔时，喷气噪声的频谱就会移向高频或超高频，使频谱中的可听声成分明显降低，从而减少对人的干扰和伤害。

⑥ 有源消声器。基本原理是在原来的声场中，利用电子设备再产生一个与原来的声压大小相等、相位相反的声波，使其在一定范围内与原来的声场相抵消。这种消声器是一套仪器装置，主要由传声器、放大器、相移装置、功率放大器和扬声器等组成。

（2）消声器的衡量指标

衡量消声器的好坏，主要考虑以下三个方面：①消声器的消声性能（消声量和频谱特性）；②消声器的空气动力性能（压力损失等）；③消声器的结构性能（尺寸、价格、寿命等）。

（3）消声器的选用及特性

消声器的选用应根据防火、防潮、防腐、洁净度要求，安装的空间位置，噪声源频谱特性，系统自然声衰减，系统气流再生噪声，房间允许噪声级，允许压力损失，设备价格等诸多因素综合考虑，并根据实际情况有所偏重。一般的情况是：消声器的消声量越大，压力损失越大，价格越高；消声量相同时，压力损失越小，消声器所占空间就越大。

新型高效抗喷阻型系列消声器设备被广泛用于发电、化工、冶金、纺织等工业厂矿中，用于各种型号锅炉、汽机排汽，风机，安全门等设备的消声降声。该系列消声器是根据抗、喷、阻复合消声原理所研制，具有消声量大、体积小、重量轻、安装方便及无须检修等诸多优点。

抗喷阻型消声器对各频噪声效果优越。

消声器的适用风速一般为 6～8m/s，最高不宜超过 12m/s，同时注意消声器的压力损失。

注意消声器的净通道截面积，风管和消声器连接时，必要时（风速有限制时）需做放大处理。

消声器等消声设备的安装，需有独立的承重吊杆或底座；与声源设备需通过软接头连接。

当两个消声弯头串联使用时，两个弯头的连接间距应大于弯头截面对角线长度的 2.5 倍。

对于高温、高湿，有油雾、水汽的环境系统一般选用微孔结构消声设备；对于有洁净要求的，诸如手术室、录音室、洁净厂房等环境系统，也应采用微孔结构消声设备。

相邻用房管路串通时，注意室内噪声通过管路相互影响，必要时风口做消声处理。

### 11.3.3　知识要点

① 消声器的定义、性能评价。

② 消声器的评价量。

③ 阻性消声器的原理及其结构形式。

④ 阻性消声器性能的影响因素。

⑤ 抗性消声器的原理及其分类。

⑥ 阻抗复合式消声器的形式。

⑦ 微穿孔板消声器的原理。

⑧ 消声器的设计。

## 参考文献

[1]　林培聪.浅谈城市区域环境噪声的污染特点及监测措施 [J].价值工程，2011，30（6）：237-238.

[2]　谢巧庆，刘晓红，郑璐，等.吸音板对降低新生儿重症监护病房和婴儿保温箱内声压的作用 [J].新乡医学院学报，2010，27（2）：136-137.

[3]　赵劲松，郑开丽，付志敏，等.隔声质量定律在建筑降噪排水管中的应用 [J].聚氯乙烯，2007（4）：15-18.

[4]　陈杰瑢.物理性污染控制 [M].北京：高等教育出版社，2007.

[5]　王玉梅.环境学基础 [M].北京：科学出版社，2010.

# 12 环境规划案例

环境规划的目的在于有目标地预先调控人类自身的活动，减少资源浪费与破坏，预防与减缓污染和生态退化的发生，从而更好地保护人类生存、经济和社会持续稳定发展所依赖的基础——环境。环境规划是实行环境目标管理的科学依据和准绳，是环境保护战略和政策的具体体现，也是国民经济和社会发展规划体系的重要组成部分。科学编制和有效实施环境规划对于协调人与环境、经济与环境的关系，保证国家长治久安和实现可持续发展具有深远的意义。

环境规划的制定和实施历史并不长，但随着环境问题的日益突出以及人们对环境认识的不断深化，作为协调人类环境和发展的环境规划已越来越被世界各国所接受。20世纪60年代以后，美国、日本、英国、德国、法国等先后在环境规划管理上采取了一系列行动，建立环境规划委员会或类似机构，指定并实施全国的、州的、城市的和工业区的环境规划。

我国于20世纪70年代开始进行环境规划理论方法的研究，经过众多环境工作者的共同努力，已形成了初具规模的环境规划体系。将环境规划作为政府干预市场、保证国家宏观经济健康运行、环境保护工作宏观指导的重要手段。2014年4月17日我国开启"十三五"规划（2016～2020年），以提高环境质量为核心，实施最严格的环境保护制度，打好大气、水、土壤污染防治三大战役，加强生态保护与修复，严密防控生态环境风险，加快推进生态环境领域国家治理体系和治理能力现代化，不断提高生态环境管理系统化、科学化、法治化、精细化、信息化水平，为我国人民提供更多优质的生态产品。

## 12.1 生态城市规划

20世纪二三十年代，一些发达国家开始推进大规模的城市生态环境建设。20世纪80年代，苏联生态学家亚尼茨基（1981年）第一次提出了生态城的思想。他认为生态城是一种理想市模式，其中技术和自然充分融合，人的创造力和生产力得到最大限度的发挥，居民的身心健康和环境质量得到最大限度的保护，物质、能量、信息被高效利用，是生态良性循环的一种理想栖境。

我国近些年也开展了大规模的生态环境建设，天津新港生态城、唐山南湖、曹妃甸生态城等正在建设之中。但迄今为止，国内外所有的绿化城市、田园城市、山水城市、花园城市、森林城市等都还不是科学意义上的生态城市，而只是通往生态城市阶梯中的一个台阶。

## 12.1.1 幸福宜居新鞍山

（1）事件描述

2012 年，鞍山市的林业工作以科学发展观为指导，紧紧围绕建设生态文明和发展现代林业的工作目标，以重点造林工程为载体，精心组织，提前谋划，强化落实，为构建资源节约型、环境友好型社会，打造生态鞍山、绿色鞍山、美丽鞍山做出了积极贡献，成功创建为国家森林城市，生态建设达到新高度。

（2）原因分析

鞍山市位于辽宁省中南部，是一座以铁矿资源为依托发展起来的钢铁工业城市，素有"钢都"之称。它东依千山山脉，西连辽河平原，是辽宁省第三大城市，地处环渤海经济区腹地，总面积 9252km$^2$，人口 400 万人。

（3）影响分析

2012 年 3 月，鞍山市顺利通过了国家林业局创建国家森林城市核查验收组的检查验收。2012 年 7 月 9 日在呼伦贝尔举办的第九届中国城市森林论坛上，鞍山市被全国绿化委员会、国家林业局授予国家森林城市称号。通过几年创森，鞍山森林覆盖率已达到 48.11%，建成区绿地率 37.9%，绿化覆盖率 38.5%，人均公园绿地面积 10.4m$^2$，城市中心区人均公园绿地超过 5m$^2$，水岸绿化率 85%，道路绿化率 87.5%，全年城市空气质量二级以上标准天数 324d。创建国家森林城市的成功，对于鞍山林业发展来说具有划时代的重大意义，开启了鞍山林业建设发展新征程，实现了由钢铁资源型城市向森林型城市的华丽转身。

（4）对策分析

生态建设工程：2010 年，鞍山市制定了《三年大规模造林绿化工程建设规划》，确立了三年造林 7.62 万公顷，到 2012 年森林覆盖率提高到 50% 以上的目标任务，规划了河滩地绿化工程、台安沙地生态经济林工程、三类沙化残次蚕场退蚕还林工程、山区造林绿化工程等八大生态工程。

休闲绿地建设工程：随着鞍山市建设步伐的加快，城市居民小区绿化建设已成为广大市民直接受益的惠民工程和森林城市建设的重点。共新建、改造街心游园32处，总面积近 $40000m^2$ ，建设有绿化配套的健身广场 136 座。

公园绿化工程：鞍山城中多山，将每一座山都建成绿色公园，通过拆墙透绿，新建扩建，维修改造，将公园的美景融入街景，使周边居民出入方便，也使公园的概念在市民心中得到了新的诠释。

绿色通道工程：鞍山市政府重新对城乡公路进行了规划，形成"十横八纵、五环十射"的道路交通网络，并开展了大规模城乡道路绿化，在千山西路、二一九路、园林路等主干道，全部实施高标准组团式景观绿化，形成了四通八达、纵横交错的绿色走廊。

水系绿化工程：遵循绿化水系并重、打造和谐宜居森林城市的理念，鞍山市政府在城市建设和改造中，重点实施了"万水千山百湖城"生态工程。湖面采用微缩景观形式，并结合当地的地域文化特色开发沿湖地块。

村屯绿化工程：2007 年，鞍山市委、市政府提出实施"千村绿化"工程，对全市 884 个行政村全部实施绿化，彻底改善了全市农村的居住环境和生态状况。

林业产业工程：2003 年中央下发《关于加快林业发展的决定》以后，鞍山市林业产业以组建鞍山市林业局为契机，取得了突破性的发展。以 2006 年 6 月市政府下发了《关于加快林业产业发展的意见》为标志，林业产业开始驶入快车道。

鞍钢厂区绿化工程：随着鞍钢的飞速发展，对鞍山钢铁集团公司厂区环境绿化也提出了更高的要求，创建生态优美，环境友好型厂区是鞍钢绿化总体目标。鞍钢进行了大规模的环境整治，实施规划建绿等多种措施，形成乔灌藤、花草的多层次、高密度的绿化格局。

矿山恢复工程：鞍山市委、市政府对恢复矿山生态环境，认识早，行动快，在全国率先开始了矿山环境保护和治理工作。目前矿山植被恢复面积已达 $20km^2$ ，种植果树、乔、灌木 1000 多万株，占全市同期可恢复面积 85％以上。仅 2008 年，鞍山市政府就投入 3045 万元专项资金，实施 7 项矿山环境治理项目，恢复治理面积 $156hm^2$ 。

河流绿化工程：鞍山市在森林城的建设过程中，注重"水"与"绿"的完美结合，围绕城市中的万水河、杨柳河、运粮河三条内河水系进行重点整治和建设，进一步提高了城市档次和品位。近几年来鞍山市还实施了"辽浑太河滩地绿化工程"和"辽河生态恢复带工程"，为辽河、浑河、太子河、大洋河、哨子河五大河流筑起一道道绿色屏障。

（5）类似案例

　　2014 年，福建省计划完成造林绿化和森林经营面积 530 万亩，完成水土流失治理面积 200 万亩。生态建设的"增量"指标表明，森林覆盖率领跑全国的生态大省福建，正谋求以制度推动发展模式"绿色转型"，加快构建"百姓富、生态美"的科学发展格局。

## 12.1.2　教学活动

　　(1) 环境规划原则

　　制定环境规划的基本目的，在于不断改善和保护人类赖以生存和发展的自然环境，合理开发和利用各种资源，维护自然环境的生态平衡。因此，制定环境规划，应遵循下述 7 条基本原则：

　　① 经济建设、城乡建设和环境建设同步原则。

　　② 遵循经济规律，符合国民经济计划总要求的原则。

　　③ 遵循生态规律，合理利用环境资源的原则。

　　④ 预防为主，防治结合的原则。

　　⑤ 系统原则。

　　⑥ 坚持依靠科技进步的原则。

　　⑦ 强化环境管理的原则。

　　(2) 环境规划作用

　　环境规划是 21 世纪以来国内外环境科学研究的重要课题之一，并逐步形成一门科学，具有综合性、区域性、长期性、政策性等特点。它在社会经济发展中和环境保护中所起的作用愈来愈重要，主要表现在：

　　① 环境规划是协调社会经济发展与环境保护的重要手段。

　　② 是体现环境保护以预防为主的最重要的、最高层次的手段。

　　③ 是各国各级政府环境保护部门开展环境保护工作的依据。

　　④ 为各国制定国民经济和社会发展规划、国土规划、区域（流域）规划及城市总体规划提供科学依据。

　　(3) 环境规划类型

　　环境规划有不同的分类方法。按环境要素可分为污染防治规划和生态规划两大类，前者还可细分为水环境、大气环境、固体废物、噪声及物理污染防治规划，后者还可细分为森林、草原、土地、水资源、生物多样性、农业生态规划；按规划地域可分为国家、省、城市、流域、区域、乡镇乃至企业环境规划；按照规划期限划分，可分为长期规划（大于 20 年）、中期规划（15 年）和短期规划（5 年）；按照环境规划的对象和目标的不同，可分为综合性环境规划和单要素的环境规划；按照性质划分，可分为生态规划、污染综合防治规划和自然保护规划。以下为按照性质进行划分的环境规划的不同类型。

① 生态规划。在编制国家或地区经济社会发展规划时，不是单纯考虑经济因素，而是把当地的地理系统、生态系统和社会经济系统紧密结合在一起进行考虑，使国家或地区的经济发展能够符合生态规律，不致使当地的生态系统遭到破坏。所以在综合分析各种土地利用的"生态适宜度"的基础上，制定土地利用规划是环境规划的中心内容之一。这种土地利用规划通常称为生态规划。

② 污染综合防治规划。这种规划也称污染控制规划，根据范围和性质不同又可分为区域污染综合防治规划和部门污染综合防治规划。

③ 自然保护规划。保护自然环境的工作范围很广，主要是保护生物资源和其他可更新资源。此外，还有文物古迹、有特殊价值的水源地、地貌景观等。

此外，在环境规划中，还应包括环境科学技术发展规划，主要内容有：为实现上述三方面环境规划所需的科学技术研究项目；发展环境科学体系所需要的基础理论研究；环境管理现代化的研究等。

（4）环境规划基本特征

① 整体性。环境规划具有的整体性反映在环境的要素和各个组成部分之间，构成一个有机整体，虽然各要素之间也有一定的联系，但各要素自身的环境问题特征和规律则十分突出，有其相对确定的分布结构和相互作用关系，从而各自形成独立的、整体性强和关联度高的体系。

② 综合性。环境规划的综合性反映在它涉及的领域广泛、影响因素众多、对策措施综合和部门协调复杂。

③ 区域性。环境问题的区域性特征十分明显，因此环境规划必须注重"因地制宜"。所谓区域性主要体现在环境及其污染控制系统的结构不同，主要污染物的特征不同，社会经济发展方向和发展速度不同，控制方案评论指标体系的构成及指标权重不同，各地的技术条件和基础数据条件不同，环境规划的基本原则、规律、程序和方法必须融入特征中才是有效的。

④ 动态性。环境规划具有较强的动态性。它的影响因素在不断变化，无论是环境问题（包括现存的和潜在的）还是社会经济条件等，都在随时间发生着难以预料的变动。

⑤ 信息密集。信息密集、不完备、不准确和难以获得是环境规划所面临的一大难题。在环境规划的全过程中，自始至终需要收集、消化、吸收、参考和处理各

类相关的综合信息。规划的成功在很大程度上取决于搜集的信息是否较为完全，能否识别和准确可靠提取；取决于是否能有效地组织这些信息，并很好地利用（参考和加工）。

⑥ 政策性强。政策性强也是环境规划的一个特征，从环境规划的最初立题、课题总体设计至最后的决策分析，制定实施计划的每一技术环节中，经常会面临从各种可能性中进行选择的问题。完成选择的重要依据和准绳，是我国现行的有关环境政策、法规、制度、条例和标准。

（5）生态城市标准

生态城市的创建标准，要从社会生态、自然生态、经济生态三个方面来确定。社会生态的原则是以人为本，满足人的各种物质和精神方面的需求，创造自由、平等、公正、稳定的社会环境。经济生态的原则是保护和合理利用一切自然资源和能源，提高资源的再生利用率，实现资源的高效利用。自然生态的原则是给自然生态以最大限度的优先考虑予以保护，使开发建设活动一方面保持在自然环境所允许的承载能力内，另一方面，减少对自然环境的消极影响，增强其健康性。

生态城市应满足以下八项标准：

① 广泛应用生态学原理规划建设城市，使城市结构合理、功能协调；

② 保护并高效利用一切自然资源与能源，产业结构合理，实现清洁生产；

③ 采用可持续的消费发展模式，物质、能量循环利用率高；

④ 有完善的社会设施和基础设施，生活质量高；

⑤ 人工环境与自然环境有机结合，环境质量高；

⑥ 保护和继承文化遗产，尊重居民的各种文化和生活特性；

⑦ 居民的身心健康，有自觉的生态意识和环境道德观念；

⑧ 建立完善的、动态的生态调控管理与决策系统。

（6）生态城市的特点

生态城市具有和谐性、高效性、持续性、整体性、区域性、结构合理、关系协调七个特点。

和谐性：生态城市的和谐性，不仅仅反映在人与自然的关系上，人与自然共生共荣，人回归自然，贴近自然，自然融于城市，更重要的是在人与人的关系上。人类活动促进了经济增长，却没能实现人类自身的同步发展。生态城市是营造满足人类自身进化需求的环境，充满人情味，文化气息浓郁，拥有强有力的互帮互助的群体，富有生机与活力。生态城市不是一个僵化地仅用自然绿色点缀的人居环境，而是关心人、陶冶人的"爱的器官"。文化是生态城市重要的功能，文化个性和文化魅力是生态城市的灵魂。这种和谐乃是生态城市的核心内容。

高效性：生态城市一改现代工业城市"高能耗""非循环"的运行机制，提高一切资源的利用率，物尽其用，地尽其利，人尽其才，各施其能，各得其所，优化配置，物质、能量得到多层次分级利用，物流畅通有序，废弃物循环再生，各行业各部门之间通过共生关系进行协调。

持续性：生态城市是以可持续发展思想为指导，兼顾不同时期、空间，合理配置资源，公平地满足现代人及后代人在发展和环境方面的需要，不因眼前的利益而以"掠夺"的方式促进城市暂时"繁荣"，保证城市社会经济健康、持续、协调发展。

整体性：生态城市不是单单追求环境优美，或自身繁荣，而是兼顾社会、经济和环境三者的效益，不仅重视经济发展与生态环境协调，更重视对人类生活质量的提高，是在整体协调的新秩序下寻求发展。

区域性：生态城市作为城乡的统一体，其本身即为一个区域概念，是建立在区域平衡上的，而且城市之间是互相联系、相互制约的，只有平衡协调的区域，才有平衡协调的生态城市。生态城市是以人与自然和谐为价值取向的，就广义而言，要实现这个目标，全球必须加强合作，共享技术与资源，形成互惠的网络系统，建立全球生态平衡。

结构合理：一个符合生态规律的生态城市应该是结构合理的，包括合理的土地利用，好的生态环境，充足的绿地系统，完整的基础设施，有效的自然保护。

关系协调：是指人和自然协调，城乡协调，资源和环境承载能力协调。

### 12.1.3　知识要点

① 生态城市的理念。

② 生态城市的定义，满足的标准。

③ 生态城市的规划目标和内容。

④ 生态城市的规划研究进展。

⑤ 生态城市指标体系与评价、规划方法。

⑥ 生态城市规划的主要内容、建设途径和措施。

⑦ 生态城市规划中生态功能区的划分。

## 12.2　绿色生态住宅

随着人们生活水平的提高，人们对自己的居住环境提出了更高的要求。最大程度利用资源，减少环境的污染，使整个生态系统平衡和利于可持续发展，是未来住宅的一个趋势。这样的住宅不仅可使人类居住在最佳的生活环境之中，而且有利于能源的有效利用。所谓生态住宅是指充分利用自然环境资源，并以基本上不触动生态环境平衡为目的而建造的一种住宅。这种生态住宅实际就是绿色住宅。这里所说的"绿色"，是指这种建筑能够在不损害生态环境的前提下，提高人们的生活质量及当代与后代的环境质量。其"绿色"的本质，指物质系统的首尾相无废无污、高效和谐的良性循环。现在，住宅中太阳能和绿色材料的运用、中水系统的建立、固体废物的处理等将成为生态住宅的发展重点。

　　绿色生态住宅首先是结合当地的自然生态环境，合理地安排、组织建筑与其他相关因素之间的关系，使建筑与环境之间成为一个有机的结合体。其次是拥有良好的室内气候条件和较强的生物气候调节能力，满足人们工作生活所需的舒适环境，使人和建筑、自然生态环境之间形成一个良性的循环系统。它将给我们带来少占地、节水、节能、改善生态环境、减少环境污染、延长建筑寿命等益处。

## 12.2.1　蟹岛绿色生态度假村

（1）事件描述

　　蟹岛绿色生态度假村总占地 3300 亩，集种植、养殖、旅游、度假、休闲、生态农业观光为一体，是北京市朝阳区推动农业产业化结构调整的重点示范单位，也是中国环境科学学会指定的北京绿色生态园基地。蟹岛绿色生态度假村以农为本，以村为特色，以环保、绿色、有机、健康为旅游度假的坚实内涵。度假村典型的"前店后园"的经营格局，让游人在田园中的躬耕、栽植、收割、采摘中体验耕耘的快意。蟹岛在有机农作物生产过程中，完全采用有机栽培方式；同时利用净化水浇灌农田，生产出安全、健康、无污染的有机食品。度假村以生态农业为旅游、观光、休闲的有效载体，通过农业观光、农机展示、农业科普、乡土人情展示，将农业与旅游有机结合，既延伸了农业的产业化发展，又构建了个性化的特色旅游。

（2）原因分析

　　随着社会经济的发展，城市化进程不断加快，随之而来的环境问题也日益严峻。2014 年 3 月召开的全国人大第二次会议中明确指出，环境问题是今后我国发展所需全力解决的最重要的问题之一。房地产开发过程对环境带来的影响以及其传统的粗放式开发模式所带来的环境问题也日益凸显。在人们环保意识不断加强及可持续发展理念深入人心的形势下，绿色生态住宅这种新型的建筑形式顺势而生。绿色生态住宅是贯彻可持续发展理念的最优途径，是环境保护与资源节约的最佳实践。所以绿色建筑、绿色生态住宅得到了广泛的关注，并且发展得越来越快。

（3）影响分析

蟹岛建立一系列的生态体系，蟹岛所热衷的环保事业其实并非单纯"敏锐"地洞察到了其中的经济效益，也为蟹岛发展生态农业提供生产成本的压缩空间。更为重要的是，面对当今各行各业的社会生产中以破坏环境为代价，以消耗资源为手段的粗暴生产方式，蟹岛通过自身的实践摸索，所形成的在水资源循环利用方面可持续发展的有益思路，为改变北京农业用水方式，解决工农业用水矛盾突出的问题提供了极其宝贵的经验。而蟹岛在城市污水、垃圾处理方面辟出的一条循环再利用、能源多级优化的新途径，如果能以区域形式进入社会，广泛应用于社会生产、居民生活，其经济和社会效应也将是不可估量的。

（4）对策分析

首先，蟹岛对水的可持续多级利用，通过悬挂链曝气污水处理工艺、生态自然净化等途径，对生活、生产污水进行无害化处理利用。污水经处理厂、氧化塘生态系统的水质水量调节，曝气物理生化处理，生物分解（细菌、真菌等）、生产（藻类和其他水生植物）和消费（浮游生物、鱼、蟹、鸭、鹅等）及生态系统中食物链环节各营养级的联系和传递等一系列的过程净化后，再经沙床过滤，其水质即达到或接近饮用水标准。经处理后的中水因其含微量氮、磷等元素，而成为十分理想的农业用水，被广泛应用于种植灌溉和畜牧业、渔业生产，从而达到生产、生活中不向外界排放一滴污水，不对自然生态造成任何破坏的良性可持续发展形态，做到了污水的"零排放"。

其次，在地热水多级利用过程中，结合各使用环节的需要，充分优化利用其热能，加之以沼气代替燃油、煤，以及对太阳能、风能的开发利用，达到了不烧煤、不燃油的目的，避免了矿物资源使用过程中所产生的一氧化碳、二氧化硫等有害气体及粉尘的排放，做到了废气、粉尘的"零排放"。

最后，蟹岛在生活垃圾、人畜粪便、农业生产余料的处理过程中，先将上述各种垃圾进行严格的人工分类，对不同种类的垃圾采取不同的处置方式。可回收的垃圾，如塑料、玻璃等卖到废品回收站回收利用；可降解的垃圾则进行厌氧发酵，通过沼气池高温发酵灭杀其中的有害微生物，生产出有机农业所需的肥料和作为清洁能源的沼气。这样，不但消除了各种生活、生产垃圾对生态环境带来危害的可能性，还为农业生产提供了大量高效的有机肥料，实现了资源化利用，做到了垃圾、粪便的"零排放"。

（5）类似案例

迪拜太阳能垂直村：迪拜是一个充满创造性的国家，一座又一座令人难以置信的建筑在这片土地上拔地而起。除了沙子和创造性外，迪拜还拥有充足的日照。格拉夫特建筑设计事务所（Graft Lab）设计的垂直村落便充分利用了这种优势。建筑表面与太阳能收集器呈特定角度。太阳能收集器位于这个多功能建筑群的南端，装有自动旋转枢轴，可让日照时间实现最大化。西班牙泡泡形淡水工厂由一系列堆叠在一起的生物圈构成，从外观上看，它好像是一堆肥皂泡。这是一座怪异的高塔，其玻璃圆顶结构扮演着至关重要的角色，能够利用红树过滤海水以获取淡水。红树可吸收咸水中的物质并渗出淡水。宝贵的淡水钻出红树体外后蒸发并凝结成露水，工厂内的淡水池则负责收集露水。

## 12.2.2　教学活动

（1）生态住宅特征

生态住宅的特征概括起来有四点，即舒适、健康、高效和美观。

第一，生态住宅在材料方面总是选择无毒、无害、隔声降噪、无环境污染的绿色建筑材料，在户型设计上注重自然通风，并且小区建立废弃物管理与处理系统，使生活垃圾全部收集，密闭存放，收集率高达100%。无论室内室外，都不会产生有害物质，有利于居住者的身体健康。

第二，生态住宅里的绿化系统同时具备生态环境功能、休闲活动功能、景观文化功能，且尽量利用自然地段，保护历史人文景观，因此能使居住者身心健康、精神愉快。

第三，生态住宅采用的绿色材料可隔热采暖，因此可使居住者少用空调，并且还尽量将排水、雨水等处理后重复利用，并推行节水用具等。这一切，实际上为居住者节约了不少水费、电费等生活费用。

（2）生态住宅分类

有关专家分析认为，目前生态住宅有六种：

① 生态艺术类。主要提倡以艺术为本源，最大限度地开发生态住宅的艺术功能，把这类与艺术衔接的生态住宅当成艺术品去创造、去营造，使这类住宅无论从外部还是内部看起来都是一件艺术品。

② 生态智能类。主要是以突出各种生态智能为特征，最大限度地发挥住宅的智能性，凡对人的居住能够提供智能服务的可能装置，都在适当的部分被置入，使主人可以凭借想象和简单的操作就可以达到一种特殊的享受。

③ 生态宗教类。主要是以氏族图腾为精神与宗教的住宅式产物。

④ 原始部落类。造型均以原始人、土著人的部落形式为主要依据，它是一种供人回味、体验部落栖息方式的住宅。

⑤ 部分生态类。是在受限制的条件下的一种局部或部分尝试，是若干房间中的几间，或者是房间中一部分装饰成具有生态要求的部分生态住宅。

⑥ 生态荒庭类。就是在生态住宅中造就两极分化的可能：一方面从形式上最大限度地回归自然，进入一种原始自然状态中；另一方面又在利用现代科技文化的成果，人们可以在部落里一边快乐地品尝咖啡的美味，一边用计算机进行广泛的网上交流，为人们打造一种特别有趣味的天地。

（3）生态住宅设计原则

尽管生态住宅的概念早已为学界的人士所谙识，但尚无哪位权威人士对此下个为大多数人所认可的定义。生态住宅中最核心和最有生命力的不是某种固定的结论或方法，而是这种思想所蕴含的设计原则。主要包括：

① 生态住宅首先要遵循的是生态化原则，即节约能源、资源，无害化、无污染、可循环。

② 以人为本。树立"以人为本"的指导思想。人毕竟是我们这个社会的主体，追求高效节约不能以降低生活质量、牺牲人的健康和舒适性为代价。在以往设计的一些太阳能住宅中，有相当一部分是服务于经济落后地区的，其室内热舒适度较低。随着人民生活水准的不断提高，这种低标准的生态住宅很难再有所发展。

③ 因地制宜。生态住宅非常强调的一点是要因地制宜，绝不能照搬盲从。西方多是独立式小住宅，建筑密度小，分布范围广。而我国则以密集型多层或高层居住小区为主。对于前者而言，充分利用太阳能进行发电、供热水、供暖都较为可行，而对于我国高层居住小区来说，就是将住宅楼所有的外表面都装上太阳能集热板或光电板，也不足以提供该楼所需的能源。再比如，从冬季供暖的效率上来讲，城市热网的效率是最优的。但由于西方住宅多是分散式的，彼此距离远，若将城市热网接入每一户就显得非常不经济，因此多采用分户式的独立采暖炉。而我们明明有现成的城市热网，却偏偏喜欢"借鉴"西方的独立式采暖炉，还以为这就是生态住宅。

④ 整体设计。住宅设计应强调"整体设计"思想，结合气候、文化、经济等诸多因素进行综合分析，切勿盲目照搬所谓的先进生态技术，也不能仅仅着眼于一个局部而不顾整体。例如热带地区使用保温材料和蓄热墙体就毫无意义。对于寒冷地区，如果窗户的热性能很差，用再昂贵的墙体保温材料也不会达到节能的效果（热量通过窗户迅速散失）。在经济拮据的情况下，将有限的保温材料安置在关键部

位（而不是均匀分布）会起到事半功倍的效果。而对于有些类型的建筑（如内部发热量大的商场或实验室），没有保温材料反而会更利于节能（利于降低空调能耗）。由此可见，整体设计的优劣将直接影响生态住宅的性能及成本。

（4）生态住宅技术策略

① 洁净能源的开发与利用。要尽可能节约不可再生能源（煤、石油、天然气），并积极开发可再生的新能源，包括太阳能、风能、水能、生物能、地热能等无污染型能源。

② 充分考虑气候因素和场地因素。如朝向、方位、建筑布局、地形地势等。尽可能利用天然热源、冷源来实现采暖与降温；充分利用自然通风来改善空气质量、降温、除湿。

③ 材料的无害化、可降解、可再生、可循环。建筑材料应尽可能利用可降解、可再生的资源，同时还要严格做到建材的无害化（无污染、无辐射）。

④ 水的循环利用与中水处理。在适宜的范围内进行雨水收集、中水处理、水的循环利用和梯级利用，特别是对于水资源匮乏的地区。

⑤ 结合居住区的情况（规模密集、区位、周边热网状况），采取最有效的供暖、制冷方式。加强能源的梯级利用。结合居住区规划和住宅设计来布置室外绿化（包括屋顶绿化和墙壁垂直绿化）和水体，以此进一步改善室内外的物理环境（声、光、热）。

⑥ 使用本土材料，降低由材料运输造成的能耗和环境污染。

⑦ 在技术成熟、经济允许的情况下，适当地使用新材料、新技术，提高住宅的物理性能。

⑧ 注重不同社会文化所引发的生活方式上的差异以及由此产生的对住宅设计的影响。提倡基于健康、节约的生活方式。

## 12.2.3　知识要点

① 绿色生态住宅的定义。

② 绿色生态住宅的特点和分类。

# 参考文献

[1]　郭怀成，尚金城，张天柱.环境规划学［M］.北京：高等教育出版社，2001.

[2]　丁雷，赵琨.浅谈生态城市规划［J］.科技情报开发与经济，2006（9）：124-126.

# 13 环境法规案例

法规指国家机关制定的规范性文件。如我国国务院制定和颁布的行政法规，省、自治区、直辖市人大及其常委会制定和公布的地方性法规。省、自治区人民政府所在地的市和经国务院批准的较大的市的人大及其常委会，也可以制定地方性法规，报省、自治区的人大及其常委会批准后施行。法规也具有法律效力。

## 13.1 环境影响评价制度

《中华人民共和国环境影响评价法》规定，环境影响评价，是对规划和建设项目实施后可能造成的环境影响进行分析、预测和评估，提出预防或减轻不良环境影响的对策和措施，进行跟踪监测的方法。以下六个方面构成了环境影响评价概念的完整体系。

① 环境影响评价是一种方法，是对规划和建设项目实施后可能造成的环境影响进行分析、预测和评估。

② 环境影响评价是环境管理的一项制度，并以法律形式加以认定。

③ 环境影响评价的对象：拟议中的政府有关的经济发展规划和建设单位欲建的建设项目。

④ 环境影响评价的目的：分析、预测和评估所评价对象实施后可能造成的环境影响。

⑤ 环境影响评价的作用：通过分析、预测和评价，要提出具体而明确的预防或者减轻不良环境影响的对策和措施。

⑥ 回顾环境影响评价：环保部门对规划和建设项目实施后的实际环境影响要进行跟踪监测和分析、评估。

对建设项目环境影响评价分类管理是指依据建设项目对环境影响程度的大小，分类别规定其所使用的环境影响评价的具体要求及管理规定和程序。建设项目的环境影响评价分类管理名录由国务院环境保护行政主管部门制定并公布。建设单位应当按照如下规定编制环评影响报告书、报告表或者填报环境影响登记表（环境影响评价文件包括建设项目环境影响报告书和建设项目环境影响报告表，不包括环境影响登记表）。

① 可能造成重大环境影响的，应当编制环境影响报告书，对建设项目产生的污染和对环境的影响进行全面详细的评价。

② 可能造成轻度环境影响的，应当编制环境影响报告表，对产生的环境影响进行分析或者专项评价。

③ 对环境影响小、不需要进行环境影响评价的，应当填报环境影响登记表。

### 13.1.1　环评案例

（1）事件描述

某项目地处低丘地带，山坡普遍为缓坡，一般在 20° 以下，丘与丘之间距离宽广，连接亦无陡坡。据调查，纳污水体全长约 65km，流域面积 526.2km$^2$，年平均流量 6.8m$^3$/s，河宽 20～30m，枯水期流量 1m$^3$/s，环境容量很小。项目所在地位于该水体的中下游，纳污段水体功能为农业及娱乐用水。拟建排污口下游 15km 处为国家级森林公园，约 26km 处该水体汇入另一较大河流，且下游 15km 范围内无饮用水源取水点。工程分析表明，该项目污染物排放情况为：废水 42048m$^3$/d，其中含 COD$_{Cr}$ 为 2323.6kg/d，BOD$_5$ 为 680.3kg/d，SS 为 1449.8kg/d，NH$_3$-N 为 63.62kg/d；废气 1230×10$^4$m$^3$/d，其中烟尘 1298.7kg/d，SO$_2$ 19.9kg/d。

（2）原因分析

人类生产活动造成的水体污染中，工业引起的水体污染最严重。如工业废水，含污染物多，成分复杂，不仅在水中不易净化，而且处理也比较困难。

工业废水是工业污染引起水体污染的最重要的原因。它占工业排出的污染物的大部分。工业废水所含的污染物因工厂种类不同而千差万别，即使是同类工厂，生产过程不同，其所含污染物的质和量也不一样。工业除了排出的废水直接注入水体引起污染外，固体废物和废气也会污染水体。

农业污染首先是由于耕作或开荒使土地表面疏松，在土壤和地形还未稳定时降雨，大量泥沙流入水中，增加水中的悬浮物。还有一个重要原因是近年来农药、化肥的使用量日益增多，而使用的农药和化肥只有少量附着或被吸收，其余绝大部分残留在土壤中或飘浮在大气中，通过降雨，经过地表径流的冲刷进入地表水和渗入地下水形成污染。

城市污染源是因城市人口集中，城市生活污水、垃圾和废气引起水体污染造成的。

（3）影响分析

① 危害人的健康。水污染后，通过饮水或食物链，污染物进入人体，使人急性或慢性中毒。

② 对工农业生产的危害。水质污染后，工业用水必须投入更多的处理费用，造成资源、能源的浪费；食品工业用水要求更为严格，水质不合格，会使生产停顿。

③ 水的富营养化的危害。在正常情况下，氧在水中有一定的溶解度。溶解氧不仅是水生生物得以生存的条件，而且氧参加水中的各种氧化-还原反应，促进污染物转化降解，是天然水体具有自净能力的重要原因。

（4）对策分析

① 加强法制建设和宣传教育，贯彻预防为主、防治结合的原则。

② 转变治污思路与经济发展模式。

③ 加大水污染研究与治理资金的投入。

④ 加强科技创新，提高水污染科技支撑能力。

⑤ 因地制宜地开发和推广经济、适用的污水处理技术。

⑥ 加大宣传力度，重点放在学校和企、事业单位上，准确认识我国水体污染现状，强调其危机感与紧迫感。

（5）类似案例

2015 年 5 月新华社报道，广东某地自来水水源水质受污染，危及市区用水。当地自来水水源受生产、生活污水影响，水质已超三类水源标准，危及市区安全用水。该市自来水公司、环保局等正采取措施排查应对水污染问题。

## 13.1.2　教学活动

（1）环境影响评价过程

环境影响评价过程应该能够满足以下条件：

① 基本上适应所有可能对环境造成显著影响的项目，并能够对所有可能的显著影响做出识别和评估。

② 对各种替代方案（包括项目不建设或地区不开发的情况）、管理技术、减缓措施进行比较。

③ 生成清楚的环境影响报告书（EIS），以使专家和非专家都能了解可能影响的特征及其重要性。

④ 包括广泛的公众参与和严格的行政审查程序。

⑤ 及时、清晰的结论，以便为决策提供信息。

（2）环境影响评价分类

① 按照评价时间分类：环境质量回顾评价、环境质量现状评价、环境影响评价。

② 根据评价内容分类：环境影响经济评价、环境政策评价、战略环境评价。

③ 按环境要素分类：大气环境评价、水环境评价、声学环境评价、土壤环境评价、生物环境评价、生态环境评价、经济学环境评价、美学环境评价。

④ 按照评价对象分为：建设项目环境影响评价、规划环境影响评价、战略环境影响评价。

⑤ 按照污染要素分为：大气环境影响评价、水环境影响评价、噪声环境影响评价、固体废物环境影响评价等。

⑥ 按照评价层次分为：环境质量现状评价、环境影响预测评价、环境影响后评价。

（3）环境影响评价的功能

判断功能、预测功能、选择功能与导向功能。

（4）环境影响评价层次

① 现状环境影响评价。在项目已经建设、稳定运行一段时间后，产生的各类污染物达标排放，与周围环境已经形成稳定系统，根据各类污染物监测结果来评价该建设项目建设后对该地域环境是否产生影响，是否在环境可接受范围内。

② 环境预测与评价。根据地区发展规划对拟建立的项目进行环境影响分析，预测该项目建设后产生的各类污染物对外环境产生的影响，并做出评价。

③ 跟踪评价。主要是针对大型建设项目和环评规划，在建设过程中或者建设后项目实施过程中进行跟踪评价，当项目出现了与预定结果较大的差异时必须改进的一种评价制度。跟踪评价是现阶段环境管理的重要手段之一。

（5）环境影响评价原则

① 整体性原则。

② 相关性原则。

③ 目的性原则。

④ 动态性原则。

⑤ 社会经济性原则。

⑥ 主导性原则。

⑦ 等衡性原则。

⑧ 公众参与原则。

### 13.1.3　知识要点

① 环境影响评价的定义及其构成环境影响评价概念的完整体系。

② 环境影响评价的原则。

③ 环境影响评价分类。

④ 环境影响评价的常用标准。

⑤ 环境影响评价的工作程序、工作等级及其划分依据。

⑥ 环境影响评价的国内外发展和特点。

## 13.2　"三同时"制度

"三同时"制度是我国出台的最早的一项环境管理制度。它是我国的独创，是在中国社会主义制度和建设经验的基础上提出来的，是具有中国特色并行之有效的环境管理制度。

1972 年 6 月，在国务院批准的《国家计委、国家建委关于官厅水库污染情况和解决意见的报告》中第一次提出了"工厂建设和三废利用工程要同时设计、同时施工、同时投产"的要求。1973 年，经国务院批准的《关于保护和改善环境的若干规定》中规定："一切新建、扩建和改建的企业，防治污染项目，必须和主体工程同时设计、同时施工、同时投产。""正在建设的企业没有采取防治措施的，必须补上。各级主管部门要会同环境保护和卫生等部门，认真审查设计，做好竣工验收，严格把关。"从此，"三同时"成为中国最早的环境管理制度。但起初执行"三同时"的比例还不到 20％，新的污染仍不断出现。这是因为当时处于我国环境保护事业的初创阶段，人们对环境保护事业的重要性了解不深；中国经济有困难，拿不出更多的钱防治污染；有关"三同时"的法规不完善，环境管理机构不健全，进行监督管理不力。

1979 年《中华人民共和国环境保护法（试行）》对"三同时"制度从法律上加以确认，第六条规定："在进行新建、改建和扩建工程时，必须提出对环境影响的报告书，经环境保护部门和其他有关部门审查批准后才能进行设计；其中防止污染和其他公害的设施，必须与主体工程同时设计、同时施工、同时投产；各项有害物质的排放必须遵守国家规定的标准。"随后，为确保"三同时"制度的有效执行，我国又规定了一系列的行政法令和规章。如，1981 年 5 月由国家计委、国家建委、国家经委、国务院环境保护领导小组联合下达的《基本建设项目环境保护管理办法》，把"三同时"制度具体化，并纳入基本建设程序。于是，到 1984 年，大中型项目"三同时"执行率上升到 79％。第二次全国环境保护会议以后又颁布了《建设项目环境设计规定》，进一步强化了这一制度的功能。至 1988 年，大中型项目"三同时"执行率已接近 100％，小型项目也接近 80％，有些地方的乡镇企业也试行了这一制度。

《中华人民共和国环境保护法》第四十一条规定："建设项目中防治污染的设施，应当与主体工程同时设计、同时施工、同时投产使用。防治污染的设施应当符合经批准的环境影响评价文件的要求，不得擅自拆除或者闲置。"凡是通过环境影响评价确认可以开发建设的项目，建设时必须按照"三同时"的规定，把环境保护措施落到实处，防止建设项目建成投产使用后产生新的环境问题，在项目建设过程中也要防止环境污染和生态破坏。建设项目的设计、施工、竣工验收等主要环节落实环境保护措施，关键是保证环境保护的投资、设备、材料等与主体工程同时安排，使环境保护要求在基本建设程序的各个阶段得到落实，"三同时"制度分别明确了建设单位、主管部门和环境保护部门的职责，有利于具体管理和监督执法。

《中华人民共和国环境保护法》总结了实行"三同时"制度的经验，在第二十六条中规定："建设项目中防治污染的设施，必须与主体工程同时设计、同时施工、同时投产使用。防治污染的设施必须经原审批环境影响报告书的环境保护行政主管部门验收合格后，该建设项目方可投入生产或者使用。"针对现有污染防治设施运行率不高、不能发挥正常效益的问题，该条还规定："防治污染的设施不得擅自拆除或者闲置，确有必要拆除或者闲置的，必须征得所在地的环境保护行政主管部门同意。"第三十六条还对违反"三同时"的法律责任做出了规定。另外在《建设项目环境保护管理条例》中也对"三同时"制度的内容做了具体规定，主要有以下几点：

① 建设项目的初步设计，应当按照环境保护设计规范的要求，编制环境保护篇章，并依据经批准的建设项目环境影响报告书或者环境影响报告表，在环境保护篇章中落实防治环境污染和生态破坏的措施以及环境保护设施投资概算。

② 建设项目的主体工程完工后，需要进行试生产的，其配套建设的环境保护设施必须与主体工程同时投入试运行。

③ 建设项目试生产期间，建设单位应当对环境保护设施的运行情况和建设项

目对环境的影响进行监测。

④ 建设项目竣工后，建设单位应当向审批该建设项目环境影响报告书、环境影响报告表或者环境影响登记表的环境保护行政主管部门，申请该建设项目需要配套建设的环境保护设施竣工验收。

⑤ 分期建设、分期投入生产或者使用的建设项目，其相应的环境保护设施应当分期验收。

⑥ 环境保护行政主管部门应当自收到环境保护设施竣工验收申请之日起 30 日内完成验收。

### 13.2.1 案例

（1）事件描述

《中国环境报》2015 年 12 月报道，位于四川省某县城郊接合部的一家废旧编织袋加工厂在生产时将废水排入河中。经当地环保局调查核实，这家工厂由当地村民李某于 2012 年投资 10 万余元在同年 10 月开工建设，而需要配套建设的总容积为 60 多立方米的 5 个废水沉淀池（水污染防治设施）及燃煤锅炉，在未经环保部门验收的情况下，其主体工程于 2013 年 3 月擅自正式投入生产，并从事经营活动。环境执法人员同时还查明，李某新建的废旧塑料颗粒加工厂未依法向环保部门报批建设项目环境影响评价文件，却已在工商部门办理了个体工商户营业执照。

（2）原因分析

这家废旧塑料颗粒加工厂是将回收的废旧水泥编织袋通过加工最终形成塑料颗粒，属于废旧资源回收加工再生利用。这家工厂主要生产的产品为塑料颗粒，其生产工艺为：废旧水泥编织袋—粉碎—清洗—熔化—冷却—塑料颗粒。这家工厂的主要环境污染问题是，废旧水泥编织袋通过粉碎、清洗后有一定量的残余垃圾漂浮物从废水沉淀池（水污染防治设施）随着生产废水流入河中，其次是燃煤锅炉在燃烧时有一部分烟尘产生。

（3）影响分析

a. 废水环境影响：加工厂清洗水以及冷却水直接排入河道，未经过净化处理，属不达标排放，影响周围水环境；b. 废气环境影响：加工厂生产废气主要包括燃煤锅炉废气和塑料熔融挤出造粒工序产生的有机废气，直接排放对周围大气环境有影响；c. 噪声环境影响：加工厂主要的噪声来源于项目各生产工艺生产过程，对高噪声设备未采取减振降噪措施，产生噪声环境影响；d. 固废环境影响：废塑料中的杂物、废滤网及杂质、沉淀池沉渣为一般固体废物，若露天堆放或随意处置，将影响周围环境。

(4) 对策分析

环境影响评价和"三同时"是我国建设项目环境管理的基本法律制度。关于环境影响评价和"三同时"制度，国家有关环境法律法规中都有明确规定。对于废旧资源回收加工再生利用项目，在《建设项目环境保护分类管理名录》(环境保护部第2号令，2008年修订)中也明确规定，"废旧资源回收加工再生项目"应当依照国家规定执行环评文件报批手续。同时，原国家环保总局出台的《废塑料回收与再生利用污染控制技术规范（试行）》(HJ/T 364—2007)中也明确要求，废塑料再生利用项目必须经过县级以上地方人民政府环境保护行政主管部门审批，严格执行环境影响评价和"三同时"制度，未获环保审批的企业或个人不得从事废塑料的处理和加工。2012年，环境保护部、商务部、国家发展和改革委员会在联合发布的《废塑料加工利用污染防治管理规定》(第55号公告)第三条第三款也明确规定，无符合环保要求的污水治理设施的，禁止从事废编织袋造粒等加工活动。因此，从事废旧资源回收加工再生利用项目也要执行环评制度和"三同时"制度。

(5) 类似案例

2014年4月11日，兰州发生"自来水苯超标"事件，致使兰州全城断水。2014年4月14日，王玮等5位兰州市民对自来水供给单位——兰州威立雅水务集团有限责任公司提起侵权诉讼，要求威立雅对自来水苯污染事件造成的经济损失和精神损害进行赔偿。

## 13.2.2 教学活动

(1)"三同时"的定义

建设项目"三同时"是指生产性基本建设项目中的劳动安全卫生设施必须符合国家规定的标准，必须与主体工程同时设计、同时施工、同时投入生产和使用，以确保建设项目竣工投产后符合国家规定的劳动安全卫生标准，保障劳动者在生产过程中的安全与健康。"三同时"的要求针对的是我国境内的新建、改建、扩建的基本建设项目、技术改造项目和引进的建设项目，它包括在我国境内建设的中外合资、中外合作和外商独资的建设项目。"三同时"生产经营单位安全生产的重要保障措施，是一种事前保障措施，是一种本质安全措施。

(2)"三同时"的内容和要求

① 可行性研究阶段。建设单位或可行性研究承担单位在进行可行性研究时，应进行劳动安全卫生论证，并将其作为专门章节编入建设项目可行性研究报告中。

同时，将劳动安全卫生设施所需投资纳入投资计划中。在建设项目可行性研究阶段，实施建设项目劳动安全卫生预评价。对符合下列情况之一的，由建设单位自主选择并委托本建设项目设计单位以外的、有劳动安全卫生预评价资格的单位进行劳动安全卫生预评价。

  a. 大中型或限额以上的建设项目。

  b. 火灾危险性生产类别为甲类的建设项目。

  c. 爆炸危险场所等级为特别危险场所和高度危险场所的建设项目。

  d. 大量生产或使用Ⅰ级、Ⅱ级危害程度的职业性接触毒物的建设项目。

  e. 大量生产或使用石棉粉料或含有 10% 以上游离二氧化硅粉料的建设项目。

  f. 安全生产监督管理机构确认的其他危险、危害因素大的建设项目。

  预评价单位在完成预评价工作后，由建设单位将预评价报告报送安全生产监督管理机构。建设项目劳动安全卫生预评价工作在建设项目初步设计会审前完成并通过安全生产监督管理机构的审批。

  ② 初步设计阶段。初步设计是说明建设项目的技术经济指标、运输、工艺、建筑、采暖通风、给排水、供电、仪表、设备、环境保护、劳动安全卫生、投资概率等设计意图的技术文件（含图纸），我国对初步设计有详细规定。设计单位在编制初步设计文件时，应严格遵守我国有关劳动安全卫生的法规、标准，同时编制《劳动安全卫生专篇》，并应依据劳动安全卫生预评价报告及安全生产监督管理机构的批复，完善初步设计。建设单位在初步设计会审前，应向安全生产监督管理机构报送建设项目劳动安全卫生预评价报告和初步设计文件及图纸资料。初步设计方案经安全生产监督管理机构审查同意后，应及时办理《建设项目劳动安全卫生初步设计审批表》。安全生产监督管理机构根据国家有关法规和标准，审查并批复初步设计文件中的《劳动安全卫生专篇》。

  ③ 施工阶段。建设单位对承担施工任务的单位，除落实"三同时"规定的具体要求外，还要负责提供必需的资料和条件。施工单位应对建设项目的劳动安全卫生设施的工程质量负责。施工严格按照施工图纸和设计要求，确实做到劳动安全卫生设施与主体工程同时施工、同时投入生产和使用，并确保工程质量。

  ④ 试生产阶段。建设单位在试生产设备调试阶段，应同时对劳动安全卫生设施进行调试和考核，对其效果做出评价；组织、进行劳动安全卫生培训教育，制定完整的劳动安全卫生方面的规章制度及事故预防和应急处理预案。建设单位在试生产运行正常后，建设项目预验收前，应自主选择、委托安全生产监督管理机构认可的单位进行劳动条件检测、危害程度分级和有关设备的安全卫生检测、检验，并将

试运行中劳动安全卫生设备的运行情况、措施的效果、检测检验数据、存在的问题以及采取的措施写入劳动安全卫生验收专题报告，报送安全生产监督管理机构审批。

⑤ 劳动安全卫生竣工验收阶段。安全生产监督管理机构根据建设单位报送的建设项目劳动安全卫生验收专题报告，对建设项目竣工进行劳动安全卫生验收。

### 13.2.3　知识要点

① "三同时" 的定义及其内容和要求。
② "三同时" 制度的确立和建设事项。
③ "三同时" 的目标及其作用。
④ "三同时" 的法律依据。
⑤ "三同时" 制度安全审核验收内容。

## 13.3　总量控制制度

"总量控制" 是相对于 "浓度控制" 而言的。浓度控制是指以控制污染源排放口排出污染物的浓度为核心的环境管理方法体系。总量控制是指以控制一定时段一定区域排污单位排放污染物总量为核心的环境管理方法体系。它包含了三个方面的内容：一是排放污染物的总量；二是排放污染物总量的地域范围；三是排放污染物的时间跨度。通常有三种类型：目标总量控制、容量总量控制和行业总量控制。目前我国的总量控制基本上是目标总量控制。

为了实施总量控制制度，政府首先将允许排放的污染物总量以排污权的形式分配给污染源，实现环境容量资源的初始分配。实施总量控制可以有两种基本方式：第一种方式是通过强制手段，要求企业必须根据初始分配获得的排污权排放污染物，但是这种分配不可能是最优的资源配置方式，会导致资源使用的低效率；第二种方式是初始分配后允许企业交易排污权，确保环境质量的重新配置。前一种方式是典型的命令控制手段，排污权交易则是基于市场的手段，是更有效地实施总量控制的手段。

我国目前污染物总量控制制度的控制对象的安排，主要是为了解决大气污染和水污染问题。从各国发展趋势来看，越来越严格、越来越苛刻的总量排放标准是发展的趋势，而我国每个 "五年计划" 的总量控制种类减少的背后，排污量并未得到很好的控制。我国总量控制制度的实施效果见表 13-1。

**表 13-1 我国总量控制制度实施效果** 单位：万吨

| 期间 | 控制对象 | 二氧化硫 | | 化学需氧量 | | 减幅 |
|---|---|---|---|---|---|---|
| | | 统计总量 | 目标总量 | 统计总量 | 目标总量 | |
| "九五" | 12 种,包括粉尘、二氧化硫、化学需氧量、石油类、汞、镉、六价铬、铅、砷、氰化物及工业固体废物等 | 2370 | 2460 | 2233 | 2200 | 计划二氧化硫增幅 3.82%,化学需氧量减幅 1.49% |
| "十五" | 6 种,包括二氧化碳、烟尘、工业粉尘、化学需氧量、氨氮、工业固体废物 | 1995.5 | 1800 | 1444.4 | 1300 | 10% |
| "十一五" | 2 种,包括化学需氧量和二氧化硫 | 2549.3 | 2294.4 | 1414.2 | 1272.8 | 10% |
| "十二五" | 4 种,包括化学需氧量、氨氮、二氧化硫、氮氧化物 | 2267.8 | 2067.4 | 2551.7 | 2347.6 | 8% |

注：数据来源于《"九五"期间全国主要污染物总量控制计划》《国家环境保护"十五"计划》《国务院关于"十一五"期间全国主要污染物排放总量控制计划的批复》以及《国家环境保护"十二五"规划》。

## 13.3.1 案例

(1) 事件描述

我国东部某市总面积 8227km², 建成区 113.42km², 大气污染总量控制区 216km², 1994 年全市总人口 537.3 万。在经济快速增长的同时，环境问题也日益突出。在大气污染方面，1994 年 5 区的耗煤量达到 627.56 万吨，工业 $SO_2$ 排放量为 15.09 万吨，工业烟尘 5.19 万吨，$SO_2$、$NO_x$、TSP（总悬浮颗粒物）等污染物的浓度超标严重，其中 $SO_2$ 年日均值浓度一般超标 2 倍左右，总悬浮颗粒物一般也超标 1 倍左右。严重的大气环境污染已成为制约该市发展的重要因素。

(2) 原因分析

造成大气污染的原因，既有自然因素又有人为因素，尤其是人为因素，如工业废气、燃烧、汽车尾气和核爆炸等。随着人类经济活动和生产的迅速发展，在大量消耗能源的同时，同时也将大量的废气、烟尘物质排入大气，严重影响了大气环境的质量，特别是在人口稠密的城市和工业区域。所谓干洁空气是指在自然状态下的大气（由混合气体、水汽和杂质组成）除去水汽和杂质的空气，其主要成分是：氮气，占 78.09%；氧气，占 20.94%；氩，占 0.93%；其他各种含量不到 0.1% 的微量气体（如氖、氦、二氧化碳、氙）。

(3) 影响分析

① 大气污染对人体健康的危害。受污染的大气进入人体，主要表现为化学性物质、放射性物质和生物性物质等三类物质对人体健康的危害。可导致呼吸、心血管、神经等系统疾病或其他疾病。a. 大气中的有害化学物质直接刺激人体的上呼吸道，引起支气管炎和肺气肿等疾病。大气中无刺激性的有害气体，如一氧化碳，由于不能为人体感官所觉察，危害性更大。大气中的有害有机物，如多环芳香烃可检出 30 多种，其中苯并 [a] 芘的致癌性很强。还含有潜在危害的化学物质，有些有害化学物质对眼睛、皮肤有刺激作用。b. 大气被放射性物质所污染，人体照射后，往往引起慢性疾病。c. 大气污染中的飘尘对人体呼吸道危害甚大。d. 生物性污染物质对人体健康的影响。生物性污染是一种空气变态反应原，主要由花粉产生，可诱发鼻炎和气喘等病变。

② 大气污染对植物的影响。大气污染物浓度超过植物的耐受限度，会使细胞和组织器官受损，生理功能受阻，产量下降，产品变坏，导致植物个体死亡。大气污染对植物的影响可分为群落、个体、器官组织、细胞和细胞器、酶系统等五个方面。大气污染形成的酸雨，使欧洲大片森林枯死，使全世界生态环境遭受破坏。

③ 大气污染对动物的危害。动物往往由于食用或饮用积累了大气污染物的植物和水而受到不同程度的危害，或吸入被有害物质严重污染了的空气而中毒死亡。

④ 大气污染对材料的损害。大气污染是城市地区经济损失的一大原因。这种损害表现为腐蚀金属和建筑材料，损坏橡胶制品和艺术造型，使有色材料褪色等。大气污染物对材料损害的机制是：磨损、直接的化学冲击（如酸雾对材料的腐蚀）、电化学侵蚀等。影响因素则有湿度、温度、阳光、风等。

⑤ 大气污染对全球气候的影响。大量的污染物排放在大气，干扰着人类赖以生存的太阳和地球之间的热平衡。主要包括两类：a. 二氧化碳的温室效应。由于温室效应，有人估算如大气中二氧化碳浓度为 $420 \times 10^{-6}$ 时，地球上所有的冰雪将融化，反之，若二氧化碳浓度减小为 $150 \times 10^{-6}$ 时，温室效应减弱了，地球就可能完全被冰雪所覆盖。b. 大气中微粒对气候的影响。大气中的微粒作为凝结核促使水蒸气凝结形成雾，空气变为浑浊，使云量和降水增加，使雾的出现频率增加，降低能见度。

⑥ 大气污染危害农业。大气污染对农作物的危害分三种类型：急性危害，在污染物为高浓度时，对农作物短时间内造成危害，叶面枯萎脱落，直至死亡，造成农作物减产；慢性危害，在污染物为低浓度时，因长时间作用所造成的危害，使农作物叶绿素减少，影响生长发育；不可见危害，指污染物质对农作物造成生理上的障碍，抑制生育发展，造成产量下降。

（4）对策分析

大气中颗粒物质的检测项目有：总悬浮颗粒物的测定、可吸入颗粒物浓度及粒度分布的测定、降尘量的测定、颗粒中化学组分的测定。其中，颗粒物浓度的测定最常用的是重量法。二氧化硫的测定：大气中的含硫污染物主要有 $H_2S$、$SO_2$、$SO_3$、$CS_2$、$H_2SO_4$ 和各种硫酸盐。它们主要来源于煤和石油燃料的燃烧、含硫矿石的冶炼、硫酸等化工产品生产排放的废气。作为大气污染的主要指标之一，二氧化硫在各种大气污染物中分布最广、影响最大，因此，在硫氧化物的检测中常常以二氧化硫为代表。

大气中氮氧化物的测定可分为化学法和仪器法两类。化学法中最常用的是Saltzman 法（见 GB/T 15435—1995）、酸性高锰酸钾溶液氧化法、三氧化铬-石英砂氧化法。其中 Saltzman 法仅适于测二氧化氮的含量，酸性高锰酸钾溶液氧化法和三氧化铬-石英砂氧化法可以检测大气中氮氧化物总量。

大气污染综合整治规划是根据城市大气质量现状与发展趋势进行功能区划并按拟订的环境目标计算各功能区最大允许排放量和削减量，从而制定污染治理方案。大气污染的治理应根据城市的能源结构与交通状况确定首要污染物，即浓度高、范围广、危害大的污染物，便于治理时有的放矢、对症下药。改进落后的燃煤方式，提高燃烧效率，尽量使用气体燃料、型煤、太阳能、地热能等无污染或少污染的能源；实行区域集中供热、消灭千家万户的小烟囱；提高道路硬化率；通过强化污染源治理和提高污染控制技术等手段创建无烟控制区。调整工业布局，根据大气自净规律，科学地利用大气环境容量；强化污染源的治理，降低污染物的排放量；通过技术和行政的手段减少汽车尾气的污染；提高城市绿化率，选择抗污染性好的树种，大力发展植物净化。

（5）类似案例

1952 年 12 月 5～9 日，一场灾难降临了英国伦敦。地处泰晤士河河谷地带的伦敦城市上空处于高压中心，一连几日无风，风速表读数为零。大雾笼罩着伦敦，时值城市冬季大量燃煤，排放的煤烟粉尘在无风状态下蓄积不散，烟和湿气积聚在大气层中，致使城市上空连续四五天烟雾弥漫，能见度极低。在这种气候条件下，飞机被迫取消航班，汽车即便白天行驶也须打开车灯，行人走路都极为困难，只能沿着人行道摸索前行。

## 13.3.2　教学活动

（1）总量控制制度

总量控制制度指国家环境管理机关依据所勘定的区域环境容量，决定区域中的污染物质排放总量，根据排放总量削减计划向区域内的企业个别分配各自的污染物排放总量额度的一项法律制度。"十三五"期间，我国实施二氧化硫、氮氧化物、化学需氧量、氨氮排放总量控制。

（2）总量控制的对象

总量控制的对象主要是指国家"九五"期间重点污染控制的地区和流域，包括：酸雨控制区和 $SO_2$ 控制区；淮河、海河、辽河流域；太湖、滇池、巢湖流域。

（3）总量控制的实施程序

① 国家环境管理机关在各省、自治区、直辖市申报的基础上，经全国综合平衡，编制全国污染物排放总量控制计划，把主要污染物排放量分解到各省、自治区、直辖市，作为国家控制计划指标。

② 各省、自治区、直辖市把省级控制计划指标分解下达，逐级实施总量控制计划管理。

③ 编制年度污染物削减计划。

④ 年度检查、考核。

### 13.3.3 知识要点

① 总量控制的定义。

② 总量控制的对象和实施程序。

③ 总量控制的作用。

④ 总量控制制度的定义。

## 13.4 城市环境综合整治定量考核制度

城市环境综合整治是在城市政府的统一领导下，以城市生态学理论为指导，改善城市总体环境，对制约和影响城市生态系统发展的综合因素采取综合性的对策进行整治、调控。该项措施在全国推行后，对改善城市环境发挥了促进作用。为了巩固成效、普及推广，把城市环境综合整治纳入法制管理轨道，在我国环境管理中建立了"城市环境综合整治定量考核制度"。

城市环境综合整治定量考核制度，简称"城考"，是指通过实行定量考核，对城市政府在推行城市环境综合整治中的活动予以管理和调整的一项环境监督制度。城市环境综合整治自 1984 年起在我国得到广泛推行。考核内容分为两部分：一部分为城市环境综合整治，另一部分为定量考核。每年进行一次，年度考核结果通过报纸、网络等媒体向社会公布。

### 13.4.1 案例

(1) 事件引出

江苏省环保厅通报了全省 2014 年城市环境综合整治的情况。根据评估显示，2014 年度整治河道，泰州、徐州、扬州河道达标率较高，整治情况较好；苏南地区南京河道抽查达标率仅 20%；无锡江阴、苏州常熟和昆山等城区河道整治情况不理想，不达标河道相对较多。

(2) 水污染原因分析

水污染主要由人类活动产生的污染物造成，它包括工业污染源、农业污染源和生活污染源三大部分。首先，工业废水为水域的重要污染源，具有量大、面广、成分复杂、毒性大、不易净化、难处理等特点。根据《2016 中国环境状况公报》，全国地表水 1940 个评价、考核、排名断面（点位）中，Ⅰ类、Ⅱ类、Ⅲ类、Ⅳ类、Ⅴ类和劣Ⅴ类水质断面分别占 2.4%、37.5%、27.9%、16.8%、6.9%和 8.6%。以地下水含水系统为单元，以潜水为主的浅层地下水和承压水为主的中深层地下水为对象的 6124 个地下水水质监测点中，水质为优良级、良好级、较好级、较差级和极差级的监测点分别占 10.1%、25.4%、4.4%、45.4%和 14.7%。338 个地级及以上城市的 897 个在用集中式生活饮用水水源监测断面（点位）中，有 811 个全年均达标，占 90.4%。春季和夏季，符合第一类海水水质标准的海域面积均占我国管辖海域面积的 95%。近岸海域 417 个点位中，一类、二类、三类、四类和劣五类分别占 32.4%、41.0%、10.3%、3.1%和 13.2%。

我国是世界上水土流失最严重的国家之一，每年表土流失量约 50 亿吨，致使大量农药、化肥随表土流入江、河、湖、库中，随之流失的氮、磷、钾营养元素使 2/3 的湖泊受到不同程度富营养化污染的危害，造成藻类以及其他生物过度繁殖，引起水体透明度和溶解氧的变化，从而致使水质恶化。再者，生活污染源主要是城市生活中使用的各种洗涤剂和污水、垃圾、粪便等，多为无毒的无机盐类，生活污水中含氮、磷、硫多，致病细菌多。

(3) 水污染影响分析

① 城乡居民的饮用水安全受到严重威胁。由于我国水环境污染严重，使城乡居民饮用水安全受到威胁。据卫生部门的调查统计，我国有 65.4%的人口饮用不合标准的水。根据 2015 年对全国环境保护重点城市饮用水水源保护情况进行调查，我国城市供水仍有 20%达不到饮用水卫生标准，农村供水有 50%达不到饮用水标

准。据估计，全国仍约有 4 亿人饮用受到有机物污染的水。

② 对工、农业生产产生严重影响。随着工、农业的发展和人民生活水平的提高，水资源紧缺的矛盾日趋紧张。而目前日趋严重的水污染又进一步加剧了水资源短缺的矛盾。严重的水污染使当地缺水矛盾尖锐化，给工、农业生产造成严重损失。由于水资源紧缺，个别城市和地区多年来一直用污水进行灌溉，仅海河流域污灌面积就达 1000 万亩。长期污灌，使得污灌区土壤遭到污染，从而使农作物带有一定残毒，有些甚至无法食用。水污染对渔业同样产生了严重的影响，个别污染严重的河段已经鱼、虾绝迹。

③ 对人民群众健康产生严重威胁。水污染严重的地区，一方面饮用水安全受到威胁；另一方面长期污灌，造成地表水、地下水、土填、农牧渔产品等的污染和农业生态环境的破坏，对人体健康已构成了威胁。根据个别地区居民健康普查结果，污染区居民的肠道疾病率、癌症发病率及婴儿先天性畸变、畸胎的发生率均比对照区有明显的增高。

④ 跨行政区的水污染纠纷日趋尖锐。严重的水污染造成一些地区水污染事故频繁，从而引发了许多污染纠纷，其中尤以跨行政区的水污染纠纷危害最大。

（4）水污染防治对策分析

① 完善法律法规，强化管理，严格执法。贯彻执行《中华人民共和国水法》《中华人民共和国水污染防治法》《中华人民共和国环境保护法》等法律法规，同时完善相应的法律法规，建立健全水环境保护法律体系。对污水的排污标准进行严格控制，尤其要加强对工业污水排放的监督和管理，对违法排放的工业企业要从重处罚。对集中排污口的各类污染源加强跟踪监测，发现问题及时解决。加强对地表水和地下水的水质监测和水源的保护工作。以流域为单元，以河流为主线，以城镇为节点，建立流域水资源保护监督管理体系，强化流域管理的监督职能和协调能力，加强各相关部门之间的交流与合作。

② 从源头控制污染。摆脱先污染后治理的发展模式，从控制污染物的排放量来遏制污染的进一步扩大。对企业要采取有力措施，改善经营管理，积极引进先进的生产工艺，提高物料利用率，减少污染物的排放。通过修订产业政策、调整产业结构，用行政、经济手段推行节约用水和清洁生产。

③ 大力提高水资源的利用率和重复利用率。我国水资源利用率不足 50%，重复利用率为 20% 左右，低效的水资源利用加剧了水资源的供需矛盾和严重浪费局面。只有制订较高的水资源价格、高额的水污染排污费，才能有效地促使企业采取措施，改直流冷却为循环冷却，改漫灌为喷灌或滴灌，采用先进的节水技术和生产

工艺，研究污水的治理和重复利用，降低生产成本，进而实现企业的经济效益和社会的环境效益的统一。

④ 提高水污染排污费的收缴额度，使排污费远远高于水资源恢复治理的费用。当前，我国排污费定位太低，远远低于水资源补偿费用，因此全面提高排污收费指标，向等量甚至高于水资源恢复治理费靠拢，采取"严进严出"的措施，也许对乱排现象能起到一定的作用。

⑤ 研究解决污水的资源化利用。污水资源化利用是解决用水紧张的一个有效途径，并产生较高的经济效益，实现较好的环境效益。

（5）类似案例

山东省泰安市城市环境综合整治工作组确定了旅游市场环境、违章建筑、"五亭"（早餐亭、体彩亭、福彩亭、售货亭、报刊亭）、乱搭乱建、农贸市场等 21 个重点整治事项，各项专项整治工作已取得初步成效。

## 13.4.2　教学活动

（1）城市环境综合整治

把城市环境作为一个系统、一个整体，运用系统工程的理论和方法，采取多功能、多目标、多层次的综合战略、手段和措施，对城市环境进行综合规划、综合管理、综合控制，以最小的投入换取城市质量优化，做到经济建设、城乡建设、环境建设同步规划、同步实施、同步发展，从而使复杂的城市环境问题得以解决。这项制度要对环境综合整治的成效、城市环境质量制定量化指标，进行考核，每年评定一次城市各项环境建设与环境管理的总体水平。

（2）城市环境综合整治考核范围

① 全市域：包括城区、郊区和市辖县、县级市。

② 市辖区：包括城区、郊区，不包括市辖县、县级市。

③ 建成区：按建设部《城市建设统计指标解释》的解释，"十二五"期间，"城市环境综合整治定量考核"的建成区范围是指市辖区、建成区。

（3）城市环境综合整治考核的内容及形式

① 考核内容：每项指标均包括指标定量考核内容、工作定性考核内容两个部分。指标定量考核以数据的形式进行。

② 考核的形式包括：城市上报自评结果；省级环保部门和国家环境保护行政主管部门按照《工作考核计分表》开展现场核查；现场核查对象包括现场点位、下发的相关文件、有关部门正式发布的统计表、工作总结、成果通报等。

### 13.4.3 知识要点

① 城市环境综合整治的定义。

② 城市环境综合整治考核制度的定义及其考核范围。

③ 城市环境综合整治考核的内容和形式。

④ 城市环境综合整治定量考核制度的指标、指标权重分析流程。

⑤ 实行城市环境综合整治定量考核制度的意义。

⑥ 城市环境综合整治定量考核制度的保证。

## 参考文献

[1] 朱世云，林春绵.环境影响评价［M］.2版.北京：化学工业出版社，2013：2.

[2] 马中，吴健，张建宇，等.论总量控制与排污权交易［J］.中国环境科学，2002，22（1）：89-92.

[3] 田其云，黄彪.我国污染物总量控制制度探讨［J］.环境保护，2014（20）：42-44.

[4] 周生贤.领导干部环境保护知识读本［M］.北京：中国环境科学出版社，2009.

# 14  可持续发展案例

可持续发展是人们对漫长的社会发展过程进行痛苦的反思后提出的一种全新的发展思想和发展战略，它是人类关于社会发展问题在观念和认识上的一次飞跃，是一种不牺牲后代人发展机会和发展权利、保证后代人发展机会与当代人一样多的发展。

1987年，世界环境和发展委员会向联合国提交了一份具有划时代意义的著名报告——《我们共同的未来》。报告以可持续发展思想为指导，对当前人类经济发展与环境关系方面存在的问题进行整体反思，并提出了持续发展的定义，即"既满足当代人的需求，又不损害子孙后代满足其需求能力的发展"。该定义是目前影响最大、流传最广的定义，包括了可持续发展的公平性原则（fairness）、持续性原则（sustainable）、共同性原则（common），强调了两个基本观点：一是人类要发展，尤其是穷人要发展；二是发展有限度，不能危及后代人的生存和发展。

## 14.1 生态工业

20世纪90年代兴起的生态工业园将成为各国可持续发展的主要模式之一。它通过一个区域内物流和能源的正确设计模拟自然生态系统，形成企业共生网络，达到减少废物、实现园区污染"零排放"的目标。如今世界各国都在大力发展生态工业园，并且取得了相当大的成绩。西方的发达国家，诸如美国、德国、法国、加拿大等国家，建成了相当多的而且具有一定规模的生态工业园，亚洲的日本、泰国、印度、印度尼西亚、菲律宾等国家也已经有很多成型的生态工业园。此外，非洲的国家也正在大力发展生态工业园，如南非等国正在积极兴建生态工业园。我国近几年在生态工业园的发展建设上也取得了很好的成绩，建成了一批比较有代表性的生态工业园，如贵州的贵港生态园、浙江衢州的沈家生态工业园等。

生态工业区别于传统工业的一个重要方面是物质的生命周期循环，即工业系统内要综合地考虑产品从"摇篮"到"坟墓"再到"再生"的全过程，并通过这样的过程实现物质从源到汇的纵向闭合，实现资源的永续循环利用。传统工业一般将废弃的产品看作是无用的、待处置的东西，来源于自然环境的原材料经过一次生产过程后，就变成了废物排放到环境中，这样的线性过程打破了自然界的物质平衡。

按照生态工业园区的形成形态，可以将其分成三种类型，即改造型、全新型和虚拟型。按照生态工业区中各个主体的决策权和它们之间的依赖关系，生态工业区可以分为：①由一个大型集团企业自主形成的生态工业园区；②集聚型生态园区；③虚拟型生态工业园区。

生态工业园的本质特点是园区内各企业本身形成循环、园区内企业之间形成网络共生的循环以及园区与周边系统形成网络共生的循环（图14-1）。其特点具体体现为：①生态工业园区内的企业群是依据生态学原理和循环经济理论，在技术可行的前提下，有机结合而成的企业共生体。园区实现物质集成、水系统集成、能源集成、技术集成、信息共享、基础设施共享。②"园区"的概念不仅局限于某个地理上毗邻的地区，还可以包括附近的居住区，或者包括一个距离很远却有联系的企业，也即它是一个区域的工业生态网络。③生态工业园区拥有生态技术的强力支撑，这类"生态技术"指一切保护环境的工程技术、管理技术的总体，如替代技术、减量化技术、再利用技术、资源化技术、能源综合利用技术、绿色再制造技术、节能建筑技术等。

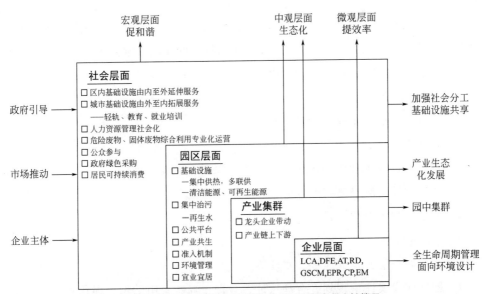

图14-1　我国生态工业示范发展模式

### 14.1.1 案例：重庆武隆生态工业

（1）事件描述

2014年，重庆武隆县全县工业总产值首次迈上百亿元台阶，实现工业总产值101亿元，同比增长26％。其中，规模以上工业产值53.18亿元，同比增长23％。作为渝东南地区一个以生态资源著称的"全国旅游大县"，近年来，武隆县工业经济的发展也被深深打上了"生态"的标签——全县工业总体呈现出低消耗、低（或无）污染、与自然环境发展保持协调的特征。

（2）原因分析

① 武隆县森林覆盖率达60％，同时水电、风力等资源条件富集，因此，清洁能源项目是武隆县生态工业发展的重点。

② 在产业结构布局上，坚持发展生态产业。以装备制造业为重点，坚持引进科技含量高、市场前景好、能源消耗低、环境污染小的项目。以汽配、摩配项目为重点，形成较高质量的产业集群；以环保动力车项目和铸钢项目为龙头，带动发展零部件制造、产业配套等相关产业项目。

③ 按照"生态工业"的发展要求，完善配套服务功能，推动园区产城一体、融合发展，加快打造主导产业、配套服务、高端人才、孵化创新、生态环保的集成中心。

④ 生态工业园区作为一种新型人工复合生态系统，具有与一般人工生态系统不同的特点：a.人类活动异常强烈。b.人才和技术的作用异常强大。c.技术、知识和人才高度密集。d.系统功能异常强大。e.系统具有高度的开放性。

（3）影响分析

① 增强了政府和企业的创新意识。

② 必然提升生态工业企业建设水平。

③ 可以促进资源利用一体化、多线条、深层次流动发展。

④ 能够带动区域经济持续发展。

⑤ 实现新型工业化的模式。

（4）对策分析

① 发展新型能源，如风能、水能等。

② 园区建设要注重规划、合理选址、合理布局、集中治污、强化管理。

③ 加强宣传教育，营造良好的生态文化氛围。

④ 生态工业园的生态系统效率取决于系统结构协调度、系统功能流畅程度。

因此，系统优化也就从这两个方面入手。鉴于园区生态系统的主体是企业，因此，这里提出企业内部控制为过程控制。

⑤ 企业的环境行为对提升园区的环境绩效尤为重要。一方面通过开发应用高新技术和绿色技术提高资源、能源利用效率，另一方面通过加强环境管理减少对环境的影响。

（5）类似案例

2007 年以来，广东东莞生态产业园区以"生态优先，治水为前，逐步完善基础设施建设，突出发展循环经济"为工作思路，以规划为指导，以土地统筹为突破，以工程建设为重点，以招商引资为目标，以队伍建设为保障，全面启动了园区的开发建设。园区生态修复和治水效果明显，取得了阶段性的建设成果。2010 年 4 月，广东东莞生态产业园经省政府批准升级为省级园区；2011 年 6 月，经省政府批准，东莞生态产业园区入选广东省首批省级循环经济工业园区。一个"以城市湿地为特色，发展高端产业及配套服务业的循环经济和生态产业示范园区"，正在莞邑大地上冉冉升起。

## 14.1.2　教学活动

（1）生态工业基本特征

生态工业要求综合运用生态规律、经济规律和一切有利于工业生态经济协调发展的现代科学技术。

① 从宏观上使工业经济系统和生态系统耦合，协调工业的生态、经济和技术关系，促进工业生态经济系统的人流、物质流、能量流、信息流和价值流的合理运转和系统的稳定、有序、协调发展，建立宏观的工业生态系统的动态平衡。

② 在微观上做到工业生态资源的多层次物质循环和综合利用，提高工业生态经济子系统的能量转换和物质循环效率，建立微观的工业生态经济平衡，从而实现工业的经济效益、社会效益和生态效益的同步提高，走可持续发展的工业发展道路。

（2）生态工业评价指标体系

① 经济指标。经济指标既要反映当前经济发展水平，又要反映经济发展潜力。经济发展水平可用 GDP 年平均增长率、人均 GDP、经济产投比、万元 GDP 综合能耗、万元 GDP 新鲜水耗及万元工业产值废水、废气、固体废物排放量等指标表示。经济发展潜力可用高新技术产业在第二产业中所占比例、科技投入占 GDP 的比例和科技进步对 GDP 的贡献率等指标来描述。

② 生态环境指标。生态环境指标包括环境保护、生态建设和生态环境改善潜力等方面。环境保护方面包括大气、水、噪声环境质量，工业废水、废气、固体废物排放达标率，废水、废气、固体废物处理率，废水、废气、固体废物减排率，工业废物综合利用率和危险废物安全处置率等。生态建设方面包括清洁能源所占比例、人均公共绿地面积、园区绿地覆盖率和地下水超采率等。生态环境改善潜力用环保投资占 GDP 的比例来表示。

③ 生态网络指标。生态网络指标是生态工业园区的特征指标，反映物质集成、能量集成、水资源集成、信息共享和基础设施共享的效果。它包括重复利用、柔性结构和基础设施建设等方面。

重复利用方面包括水资源、原材料、能源的重复利用。重复利用率越高，说明园区功能发育得越完善。柔性结构体现园区的抗风险能力，包括产品种类、原材料的可替代性等。产品种类越多，原材料来源越广泛，园区抗击市场风险的能力越强。基础设施建设以人均道路面积来衡量。

④ 管理指标。管理指标包括政策法规制度、管理与意识等。政策法规制度包括促进园区建设的地方政策法规的制定与实施、园区内部管理制度的制定与实施、企业管理制度的制定与实施。管理与意识包括开展清洁生产的企业所占比例、规模以上企业 ISO 14001 认证率、生态工业培训和信息系统建设等。

### 14.1.3 知识要点

① 生态工业的定义、特征。
② 生态工业园的类型、建设原则。
③ 生态工业园区的形成形态分类。
④ 生态工业与传统工业比较。
⑤ 了解生态工业评价的指标。
⑥ 生态工业的发展。

## 14.2 生态农业

农业是国民经济的基础，在通过科学技术进步和土壤集约化利用取得巨大成绩的同时，也造成了生态与环境问题的日益加剧。在这一形势下，人类社会开始反思农业发展的政策、模式和技术，认识到农业的发展不仅要提高产量以满足人们对农产品的数量需求，还要提高产品质量，保障食物安全，发挥农业生态系统的多种功能。"生态农业"（ecological ag-riculture）一词最初是由美国土壤学家 W. Albreche 于 1970 年提出的。1981 年，英国农学家 M. Worthington 将生态农业明确定义为"生态上能自我维持、低投入，经济上有活力，在环境、伦理和审美方面可接受的小型农业"。生态农业是世界农业发展的趋势，也是我国农业可持续发展的根本途径。实践证明，生态农业是经济发展和环境保护、当前利益和持续效益协调发展的最佳农业生产体系。

20 世纪 90 年代开始，生态农业得到国家的补贴支持，世界各国的生态农业有了较大发展。它是一个农业生态经济复合系统，将农业生态系统同农业经济系统综合统一起来，以取得最大的生态经济整体效益。它也是农、林、牧、副、渔各业综合起来的大农业，又是将农业生产、加工、销售综合起来适应市场经济发展的现代农业。

随着 21 世纪经济社会的发展与资源、环境瓶颈的出现，为实现农业可持续发展的目标，当前我国生态农业应继续创新，适应社会经济发展的新形势，努力实现以下几个方向的突破。

① 从农产品的多级利用和内部循环转向多产业开放性的生态农业。

② 从以追求产量为主转向多功能农业。

③ 从以传统知识的继承为主转向传统精华与现代技术的融合。

④ 从关注数量转向数量与质量并重，重视品牌发展。

⑤ 从着眼生产环节为主转向规模化与产业化。

⑥ 从简单的农业生产转向文化传承与农业可持续发展。

## 14.2.1　案例：宁夏彭阳县打造四大现代生态农业示范区

（1）事件描述

宁夏彭阳县农业工作以增加农民收入为核心，突出抓好园区建设、项目扶持、技术支撑、品牌培育、市场营销，走"一特三高"农业发展路子，加快发展四大现代生态农业示范区。以"增供增收"工程为抓手，加快 20 万亩设施农业示范区建设。以红河镇友联村、新集乡海子塬、城阳乡黄沟村三个日光温室标准化示范园区和新集乡海子塬 300 栋全钢架塑料大棚示范区建设为重点，带动全县新建设施农业 5000 亩，开展辣椒新品种试验示范 50 亩，力争使全县设施农业面积稳定在 11.5 万亩。以"十百千万"工程为抓手，加快百万头（只）肉牛（羊）示范区建设。坚持标准化规模养殖与"家家种草、户户养畜，小群体、大规模"同步推进模式，计划新培育养殖示范村 10 个，新建专业养殖场和家庭农场 50 个；发展肉牛、肉羊养殖专业户500户，实施"见犊补母"信息化管理4000头，补栏良种基础母牛1.5万头，力争全县巩固发展"5·30"标准养殖大户13000户，畜禽饲养总量突破200万只（以羊计），牧业总产值达到10亿元。以"标准示范"工程为抓手，加快50万亩旱作农业示范区建设。计划投资4026万余元，实施旱作节水农业项目33万亩。以"更新补种"工程为抓手，加快百万亩紫花苜蓿示范区建设。依托草原生态保护补助奖励机制良种补贴项目，更新补种紫花苜蓿10万亩，实施草原鼠虫病害统防统治20万亩，使全县紫花苜蓿留床面积稳定在120万亩，年产量达到45万吨。

（2）原因分析

① 充分利用当地的自然资源，利用动物、植物、微生物之间的相互依存关系，发展农业及其产品。

② 利用现代科学技术，实行无废物生产和无污染生产，提供尽可能多的清洁产品。

③ 在发展的理念上遵循生态价值与社会价值共存，并且更加注重社会价值。

④ 生态农业的优势：a.生产经营优势。生态农业产业化是对小农经济经营形式的革命。b.规模优势。生态农业产业化需要产品的规模来支撑，产业化的规模需求可以有效地克服小农经济小规模而且分散经营的不足。c.市场优势。生态农业产业化以国内外市场为导向，以生态效益、社会效益、经济效益的有机统一为前提，围绕区域化的支柱产业，优化组合各种生产要素。d.风险共担优势。e.教育优势。

（3）影响分析

① 有利于促进经济与环境的和谐发展。

② 可以通过科技提高农业产业化水平。

③ 可以促进资源利用一体化、多线条、深层次流动发展。

（4）对策分析

① 加强基础设施建设，改进生产条件。

② 加强园区科学管理制度建设，确保园区建设持续健康发展。

③ 实施产业化经营，提高经济效益。

④ 种植技术方面，通过"培肥培土"等工程，运用合理的种植方式，提高粮食单产。

（5）类似案例

四川邛崃康绿鲜生态农业园位于彭镇沿河坝村，紧邻成新蒲快速通道，占地约929亩，地势平坦，土壤质量较好。规划区总体用地平坦，自然坡度较小。属于亚热带湿润季风气候区，年平均气温 16.2℃，降雨 921mm，气候温和，适宜多种动、植物生长，夏无酷暑，冬无严寒，发展条件较好。因此，在整个农业发展方式转变的趋势下，在双流区政府建设空港现代田园大城市的背景下，通过当地政府的正确引导、支持和远景的加入，充分利用当地得天独厚的自然条件和资源优势，让这个高标准、高水平的现代生态农业庄园更完美地展现它的风采，并大幅提高企业的经济效益和社会效益。

## 14.2.2 教学活动

（1）生态农业

生态农业简称 ECO，是按照生态学原理和经济学原理，运用现代科学技术成果和现代管理手段以及传统农业的有效经验建立起来的，能获得较高的经济效益、生态效益和社会效益的现代化高效农业。它要求把发展粮食与多种经济作物生产，发展大田种植与林、牧、副、渔业，发展大农业与第二、三产业结合起来，利用传统农业精华和现代科技成果，通过人工设计生态工程、协调发展与环境之间、资源利用与保护之间的矛盾，形成生态上与经济上的两个良性循环，实现经济、生态、社会三大效益的统一。

（2）生态农业特点

① 综合性。生态农业强调发挥农业生态系统的整体功能，以大农业为出发点，按"整体、协调、循环、再生"的原则，全面规划，调整和优化农业结构，使农、林、牧、副、渔各业和农村第一、二、三产业综合发展，并使各业之间互相支持，相得益彰，提高综合生产能力。

② 多样性。生态农业针对我国地域辽阔和各地自然条件、资源基础、经济与社会发展水平差异较大的情况，充分吸收我国传统农业的精华，结合现代科学技术，以多种生态模式、生态工程和丰富多彩的技术类型装备农业生产，使各区域都能扬长避短，充分发挥地区优势，各产业都根据社会需要与当地实际协调发展。

③ 高效性。生态农业通过物质循环、能量多层次综合利用和系列化深加工，实现经济增值，实行废物资源化利用，降低农业成本，提高效益，为农村大量剩余劳动力创造农业内部就业机会，保护农民从事农业的积极性。

④ 持续性。发展生态农业能够保护和改善生态环境，防治污染，维护生态平衡，提高农产品的安全性，转变农业和农村经济的常规发展为持续发展，把环境建设同经济发展紧密结合起来，在最大限度地满足人们对农产品日益增长的需求的同时，提高生态系统的稳定性和持续性，增强农业发展后劲。

### 14.2.3 知识要点

① 生态农业的定义、特点。

② 生态农业的发展。

③ 现代化农业的环境问题本质。

④ 生态农业的发展原理与原则。

## 14.3 | 绿色能源

20世纪，人类文明发展主要依赖于开发利用煤、石油、天然气等化石燃料资源。而这些自然资源是不可再生的，据有关部门估计，地球上尚未开采的原油储藏量已不足两万亿桶，可供人类开采的时间不超过95年。在2050年到来之前，世界经济的发展将越来越多地依赖煤炭。其后在2250～2500年之间，煤炭也将消耗殆尽，矿物燃料供应枯竭。面对即将到来的能源危机，全世界认识到必须采取开源节流的战略（表14-1）。

绿色能源是指氢能、太阳能、风能、水能、生物能、海洋能、燃料电池等可再生能源，而广义的绿色能源也包括在开发利用过程中采用低污染的能源，如天然气、清洁煤和核能等。

**表 14-1　世界和中国化石能源探明储量**（2010年）

| 项目 | 石油/十亿桶 | 天然气/万亿立方米 | 煤/百万吨 |
|------|------------|------------------|-----------|
| 中国 | 14.784 | 2.80772908 | 114500 |
| 世界 | 1383.20719397 | 187.14 | 860938 |

注：据 EPS 全球统计数字整理。

### 14.3.1 案例：伯蒂拉利用太阳能煮饭

（1）事件描述

倡导太阳能烹调的太阳能基金会创立于1989年，此前有15位家庭主妇出席了由哥斯达黎加国家委员会举办的太阳能利用研讨会。与会者学会了建造和使用"太阳能炉灶"，这是一个可移动的小型烹调装置，制作简易，利用太阳能工作。退休教师伯蒂拉·罗梅罗说："它使我的生活发生了完全的变化。"她参加了为期22天的研讨会，会上还传授了简易的烹调方法、健康食谱和营养习惯。她说："学会怎样计划和煮饭使我的生活变得容易多了。"

（2）原因分析

① 太阳能和石油、煤炭等矿物燃料不同，不会导致"温室效应"和全球性气候变化，也不会造成环境污染。

② 地球所接受到的太阳能，只占太阳表面发出的全部能量的二十亿分之一左右，这些能量相当于全球所需总能量的 3 万～4 万倍，可谓取之不尽、用之不竭。

③ 太阳能作为一种可再生的新能源，具有清洁、环保、持续、长久的优势，成为人们应对能源短缺、气候变化与节能减排的重要选择之一。

（3）影响分析

① 利用太阳能发电，把太阳能聚集在一起，通过加热来驱动汽轮机发电。

② 太阳能热水器，将太阳能转化为热能，将水从低温加热到高温。

③ 太阳能灶，主要分为热箱式和聚光式两种。

④ 太阳能水泵，正在取代太阳能热动力水泵。

⑤ 太阳能制冷空调，是一种节能环保型的绿色空调。

⑥ 太阳能光伏发电，能将太阳能电池组合在一起，随便改变规模。

⑦ 太阳能建筑，主要有被动式、主动式和零能建筑式。

⑧ 太阳能干燥，用于许多农副产品的干燥。

⑨ 淡化海水，起到治理环境的作用。

（4）对策分析

① 提高利用太阳能的技术水平。

② 太阳能能量大，但是利用率不是很高，可以通过发明像太阳能电池之类的产品来固定太阳能。

③ 为了大规模普及太阳能发电装置，除了考虑大量普及所带来的成本下降效果以外，还必须从根本上提高太阳能发电装置的经济性。

④ 就我国而言，可以根据具体国情，制定指导我国太阳能利用技术可持续发展的战略。

⑤ 建立与完善促进我国太阳能利用技术可持续发展的体制。

⑥ 构建促进我国太阳能利用技术可持续发展的机制体系，主要包括投入机制、运行机制、激励机制与保障机制等方面。

⑦ 逐步建立与完善促进我国太阳能利用技术可持续发展的政策体系。

（5）类似案例

一家公司将其研制的太阳能喷水式推进器和喷冷式推进器与太阳池工程相结

合，给太阳池附设冰槽等设施，设计出了适用于农家的新式太阳池。按这种设计，一个 6~8 口人的农户建一个 70m² 的太阳池，便可满足其 100m² 住房全年的用电需要。另一家研究机构提出了组合式太阳池电站的设计思想，即利用热泵、热管等技术将太阳能和地热、居室废热等综合利用起来，使太阳池发电的成本大大下降，其在北高加索地区能与火电站竞争，并且一年四季都可用，夏天可用于空调，冬天可用于采暖。

## 14.3.2　教学活动

（1）绿色能源

绿色能源是指不排放污染物、能够直接用于生产生活的能源，它包括核能和"可再生能源"。可再生能源是指原材料可以再生的能源，如水能、风能、太阳能、生物能（沼气）、地热能（包括地源和水源）、潮汐能等这些能源。可再生能源不存在能源耗竭的可能，因此，可再生能源的开发利用日益受到许多国家的重视，尤其是能源短缺的国家。

（2）绿色能源包含的内容

绿色能源包括以下两大类。

① 可再生能源：消耗后可得到恢复补充，不产生或极少产生污染物。如太阳能、风能、生物能、水能、地热能、氢能等。我国目前是国际洁净能源的巨头，是世界上最大的太阳能、风能与环境科技公司的发源地。

② 非再生能源：在生产及消费过程中尽可能减少对生态环境的污染，包括使用低污染的化石能源（如天然气等）和利用清洁能源技术处理过的化石能源，如洁净煤、洁净油等。

核能虽然属于清洁能源，但消耗铀燃料，不是可再生能源，投资较高，而且几乎所有的国家，包括技术和管理最先进的国家，都不能保证核电站的绝对安全。苏联的切尔诺贝利事故、美国的三里岛事故和日本的福岛核事故影响都非常大，核电站尤其是战争或恐怖主义袭击的主要目标，遭到袭击后可能会产生严重的后果，所以目前发达国家都在缓建核电站，德国准备逐渐关闭目前所有的核电站，以可再生能源代替，但可再生能源的成本比其他能源要高。

可再生能源是最理想的能源，可以不受能源短缺的影响，但也受自然条件的影响，如需要有水能、风能、太阳能资源，而且最主要的是投资和维护费用高，效率低，所以发出的电成本高，现在许多科学家在积极寻找提高利用可再生能源效率的方法，相信随着地球资源的短缺，可再生能源将发挥越来越大的作用。

### 14.3.3　知识要点

① 能源的分类。
② 绿色能源的定义。
③ 绿色能源的类型。

## 14.4　低碳生活

全球气候变暖及其速率的上升已给世界带来空前的危机和困境。这一不争的事实引起人类的深刻反思，要求人类的活动以减少以二氧化碳为主的温室气体的排放为目标，已成为人们的共识。当前，低碳不仅紧锣密鼓地走进了生产领域，而且，也开始走进了亿万百姓生活的方方面面。要求践行低碳生活方式，已成为发展低碳经济的又一新的潮流。

低碳经济是一种正在全球兴起的以采用低碳能源和去碳技术减少温室气体排放、应对全球气候变暖为目标的新经济，是人类实现可持续发展的新途径。低碳生活方式可以为低碳经济发展提供巨大的低碳市场需求，不断刺激低碳科学技术发展，创造出素质更高的劳动力和人力资本，由此促进低碳经济的发展。而低碳经济的普遍化成为全球新的经济发展模式，将大大减少二氧化碳和其他温室气体的排放，这就从根本上有利于控制地球表面温度的提高，使之限制在地球这个人类家园的保护内，使人类社会与自然生态和谐共荣。

低碳生活方式蕴含着人们对消费和生态伦理生活秩序的向往，是关乎人们能否更和谐地与自然相处的生活方式的实现路径：低碳生活方式的实现不仅仅是个人的制度政策环境，需要形成一种激励与约束机制；要倡导简约、节约的低碳生活理念，形成健康向上的消费文化；要以科技伦理为正确导向，提升科技发展的社会责任；要加强道德教育，实现公民的道德内化，提升全民的道德素质和修养，做个忠实的"低碳"人。总之，要从生活理念到生活习惯的改变来普及应生态文明要求的文明健康的低碳生活模式。

### 14.4.1　案例：新能源住宅

（1）事件描述

江西省南昌市大力推进新能源绿色住宅，已有不少低碳科技住宅小区通过引进水源热泵、室内新风系统、毛细管系统、24小时热水系统、外墙保温系统、自动遮阳系统、太阳能系统等，打造恒温、恒湿、恒氧、低噪、适光绿色低碳舒适性住宅。青云谱区某小区就是一处大型新能源住宅小区，这里的玻璃和外墙都是保温材料，外墙保温系统让整个房子冬暖夏凉。不用热水器，24 小时热水循环供应；不用空调，常年维持室温 $18 \sim 26$℃；不用开窗，24 小时置换新鲜空气；不用抽湿、加湿设备，建筑材料自然调湿等。

（2）原因分析

① 利用新型能源可以减少对环境的污染。

② 新型能源的使用，可以减少人们对煤炭、化石燃料的使用，减少二氧化碳的排放，实现低碳生活模式。

③ 反观在社会经济发展进程中对能源、资源的大量消耗及对环境的巨大影响，背负资源短缺、能源耗竭危机日益临近的压力，人类迫切需要寻求一种能源资源利用效率更高、对环境更友好的发展模式。

④ 转变经济增长方式、走低碳发展道路，无疑是协调经济发展和应对气候变化之间关系的根本途径，也是提高国际影响力的战略举措。

（3）影响分析

① 减少碳，特别是二氧化碳的排放量，从而减少对大气的污染，减缓生态恶化。

② 低碳生活是一种经济、健康、幸福的生活方式，它不会降低人们的幸福指数，相反会使我们的生活更加幸福。

③ 有利于促进经济、社会、资源的可持续发展。

（4）对策分析

① 依靠科技，加快节能技术的开发、管理水平的提高和不断完善用煤、用油制度，鼓励节约，实行严格的奖罚制度，实现工业企业的节能减排。

② 加强树立低碳生活的理念。

③ 电能、水资源的节约和节约用纸，减少废气排放及垃圾分类处理。

④ 可以建设低碳城市，但低碳城市建设需降低碳排放影响。

⑤ 低碳城市建设必须要在秉承科学原理的基础上，走出切合实际、因地制宜的地方特色道路。

（5）类似案例

"地球一小时（Earth Hour）"是世界自然基金会（WWF）应对全球气候变化所提出的一项倡议，希望家庭及商界用户关上不必要的电灯及耗电产品一小时，以此来表明他们对应对气候变化行动的支持。过量二氧化碳排放导致的气候变化目前已经极大地威胁到地球上人类的生存。公众只有通过改变全球民众对于二氧化碳排放的态度，才能减轻这一威胁对世界造成的影响。"地球一小时"在 3 月的最后一个星期六 20:30～21:30 期间熄灯。

## 14.4.2　教学活动

（1）低碳意义

低碳是指较低（更低）的温室气体（二氧化碳为主）的排放。低碳对于普通人来说是一种生活态度，同时也成为人们推进潮流的新方式。如今，这股风潮逐渐在我国一些大城市兴起，潜移默化地改变着人们的生活。

低碳生活可以理解为：提倡借助低能量、低消耗、低开支的生活方式，把消耗的能量降到最低，从而减少二氧化碳的排放，保护地球环境，保证人类在地球上长期舒适安逸地生活和发展。低碳生活是一种经济、健康、幸福的生活方式，它不会降低人们的幸福指数，相反会使我们的生活更加幸福。低碳生活代表着更健康、更自然、更安全，返璞归真地去进行人与自然的活动。

减少二氧化碳排放，选择"低碳生活"，是每位公民应尽的责任，也是每位公民应尽的义务。实现低碳生活是一项系统工程，需要政府、企事业单位、社区、学校、家庭和个人的共同努力。低碳生活虽然主要集中于生活领域，主要靠人们自觉转变观念加以践行，但也需要政府营造一个助推的制度环境，包括制定长远战略，出台鼓励科技创新等政策，实施财政补贴、绿色信贷等措施，也需要企业积极跟进，加入发展低碳经济的"集体行动"。

（2）养成低碳习惯

① 每天的淘米水可以用来洗手、洗脸、洗去含油污的餐具、擦家具、浇花等。

② 将废旧报纸铺垫在衣橱的最底层，不仅可以吸潮，还能吸收衣柜中的异味；还可以擦洗玻璃，减少使用污染环境的玻璃清洁剂。

③ 用过的面膜纸可以用来擦首饰、擦家具的表面或者擦皮带，不仅擦得亮还能留下面膜纸的香气。

④ 浸泡过后的茶叶渣，把它晒干，做一个茶叶枕头，既舒适，又能帮助改善睡眠，还可以用来洗碗、做手工皂的原材料、晒干后可吸异味。

⑤ 出门购物，尽量自己带环保袋，无论是免费或者收费的塑料袋，都减少使用。

⑥ 出门自带喝水杯，减少使用一次性杯子。

⑦ 多用永久性的筷子、饭盒，尽量自带餐具，避免使用一次性的餐具。

⑧ 养成随手关闭电器电源的习惯，避免浪费电。

⑨ 尽量不使用冰箱、空调、电风扇，热时可用蒲扇或其他材质的扇子。

⑩ 夏天开空调前，应先打开窗户让室内空气自然更换，开电风扇让室内先降温，开空调后调至室温 25～26℃（最好 26℃以上），用小风，这样既省电也低碳。

⑪ 用过的塑料瓶，把它洗干净后可用来盛各种液体物质（也可以盛放一些豆类）。

⑫ 食物废料、残渣，可以用作肥料。

⑬ 短途出行建议乘坐公交车或者地铁，少开一天车，减少尾气排放。

### 14.4.3　知识要点

① 低碳生活的定义。

② 低碳生活的意义、作用。

③ 实行低碳生活的背景。

④ 低碳生活的形式。

## 参考文献

[1]　王青云.可持续发展理论发展概述 [J].黄石高等专科学校学报，2004（4）：9-12.

[2]　罗慧，霍有光，胡彦华，等.可持续发展理论综述 [J].西北农林科技大学学报（社会科学版），2004（1）：35-38.

[3]　鲁成秀，尚金城.论生态工业园区建设的理论基础 [J].农业与技术，2003（3）：17-22.

[4]　冯之浚，刘燕华，周长益，等.我国循环经济生态工业园发展模式研究 [J].中国软科学，2008（4）：1-10.

[5]　田金平，刘巍，李星，等.中国生态工业园区发展模式研究 [J].中国人口·资源与环境，2012，22（7）：60-66.

[6]　袁增伟，毕军，王习元，等.生态工业园区生态系统理论及调控机制 [J].生态学报，2004（11）：2501-2508.

[7]　李文华，刘某承，闵庆文.中国生态农业的发展与展望 [J].资源科学，2010，32（6）：1015-1021.

[8]　骆世明，等.农业生态学 [M].长沙：湖南科学技术出版社，1987.

[9]　林祥金.世界生态农业的发展趋势 [J].中国农村经济，2003（7）：76-80.

[10]　丁毓良，武春友.生态农业产业化内涵与发展模式研究 [J].大连理工大学学报（社会科学版），2007（4）：24-29.

[11]　吴生泉.建设生态农业科技园区　提升农业产业化水平 [J].华夏星火，2009 (Z1)：38-39.

[12]　刘涓，谢谦，倪九派，等.基于农业面源污染分区的三峡库区生态农业园建设研究 [J/OL].生态学报，2014，34 (9)：2431-2441.

[13]　方虹.国外发展绿色能源的做法及启示 [J].中国科技投资，2007 (11)：35-37.

[14]　孟浩，陈颖健.我国太阳能利用技术现状及其对策 [J].中国科技论坛，2009 (5)：96-101.

[15]　罗承先.太阳能发电的普及与前景 [J].中外能源，2010，15 (11)：33-39.

[16]　李海燕.试论低碳生活方式 [J].生态环境学报，2013，22 (4)：723-728.

[17]　陶曼，王友良.试论低碳生活方式的实现路径 [J].南华大学学报（社会科学版），2011，12 (2)：22-25.

[18]　苏美蓉，陈彬，陈晨，等.中国低碳城市热思考：现状、问题及趋势 [J].中国人口资源与环境，2012，22 (3)：48-55.

[19]　刘文玲，王灿.低碳城市发展时间与发展模式 [J].中国人口·资源与环境，2010，20 (4)：17-22.